MicroStation CE 应用教程

梁旭源　宁长远　高　阳　路　巍　王炜琪　**编著**

U0293568

人民交通出版社股份有限公司
China Communications Press Co.,Ltd.

内 容 提 要

本书共分为 7 章,主要介绍了 MicroStation CE 版的基础操作,其中包括基本的操作命令、二维图纸的绘制、三维模型的创建以及动画的制作。本书结合黑龙江省龙建路桥第一工程有限公司承建的某大桥工程项目,进行主体桥梁、道路以及临建场地等三维模型创建的操作讲解。

本书是 BIM 技术在交通行业的应用案例,可作为建筑、交通相关专业师生的学习教材,也可作为相关工程技术人员的参考用书。

图书在版编目(CIP)数据

MicroStation CE 应用教程/梁旭源等编著. —北京:人民交通出版社股份有限公司,2019.6

ISBN 978-7-114-15429-4

Ⅰ.①M… Ⅱ.①梁… Ⅲ.①动画制作软件—教材

Ⅳ.①TP391.414

中国版本图书馆 CIP 数据核字(2019)第 056942 号

书　　名:**MicroStation CE 应用教程**
著 作 者:**梁旭源　宁长远　高　阳　路　巍　王炜琪**
责任编辑:**朱明周　郭晓旭**
责任校对:**张　贺**
责任印制:**张　凯**
出版发行:人民交通出版社股份有限公司
地　　址:(100011)北京市朝阳区安定门外外馆斜街 3 号
网　　址:http://www.ccpress.com.cn
销售电话:(010)59757973
总 经 销:人民交通出版社股份有限公司发行部
经　　销:各地新华书店
印　　刷:北京建宏印刷有限公司
开　　本:787×1092　1/16
印　　张:9
字　　数:200 千
版　　次:2019 年 6 月　第 1 版
印　　次:2023 年 8 月　第 3 次印刷
书　　号:ISBN 978-7-114-15429-4
定　　价:50.00 元

前　言

　　目前 BIM 技术已经在我国建筑行业大面积推广应用,然而在交通行业的应用案例并不多。黑龙江省龙建路桥第一工程有限公司承建的某大桥工程项目,在建设期应用 BIM 技术进行施工管理。在应用 BIM 技术时,主要采用 Bentley 公司的软件,进行主体桥梁、道路以及临建场地等三维模型的创建,利用 MicroStation 平台进行复杂模型的创建。本书介绍了 MicroStation CE 版的基础操作,其中包括基本的操作命令、二维图纸的绘制、三维模型的创建以及动画的制作。

　　为了帮助初学者快速入门,我们计划编写《Bentley 系列软件交通工程应用教程丛书》,包括《MicroStation CE 应用教程》《AECOsim Building Designer CE 应用教程》《OpenRoadsDesigner CE 应用教程》《ProStructure CE 应用教程》和《Navigator 应用教程》。本书是《Bentley 系列软件交通工程应用教程丛书》的第一本,于 2018 年 3 月开始编写。在编写之初,定位于 MicroStation V8i 版本,但是通过咨询 Bentley 公司的技术顾问,了解到 MicroStation CONNECT Edition 版本即将全面上市,遂决定编写 CE 版本。从旧的版本转换为新的版本,对于编写团队有一定的挑战,但是通过大家的共同努力,克服困难,书稿最终在 2018 年 7 月末完成。

　　本书的编写离不开黑龙江省龙建路桥第一工程有限公司领导的支持与同事的帮助。哈尔滨工业大学马松林教授对编写团队给予了指导,在此一并表示感谢。

编　者
2018 年 8 月 1 日

目　录

第一章　MicroStation CONNECT Edition 介绍

第一节　MicroStation CONNECT Edition 初步介绍

MicroStation 是 Bentley(奔特力)工程软件有限公司发布的一款二维和三维设计软件,第一个版本由 Bentley 兄弟在 1986 年开发完成。Bentley 工程软件有限公司是一家全球领先的建筑工程软件开发企业,致力于提供全面的可持续性基础设施软件的解决方案。

MicroStation 其专用格式是 DGN,并兼容 AutoCAD 的 dwg/dxf 等格式。MicroStation 是建筑、土木工程、交通运输、加工工厂、政府部门、公用事业和电信网络等领域解决方案的基础平台。MicroStation 在技术上一直处于遥遥领先的地位,它引领了 BIM 软件的发展。Bentley 软件界面具有多视窗操作环境、参考图档、即时在线求助、多重取消和硬盘即时更新等人性化操作。

MicroStation 支持的硬件平台及操作系统已覆盖目前世界上所有较为知名的硬件厂商,故用户可以根据使用需要及效率需求自由选择所需的硬件平台及操作系统。

第二节　Bentley 软件优势

MicroStation 是 Bentley 相关软件的基础,用于三维建模及后期施工,被内嵌到各个软件中。对于应用 Bentley BIM 系统来讲, MicroStation 既是基础也是核心。MicroStation CONNECT Edition 软件有很多自有优势,在 Bentley 公司的软件中文件都存为. dgn 格式,可以互相导入及导出,而且软件都是实时保存文件中的模型,避免电脑崩溃后文件丢失。

一、DGN 文件

DGN（Design）是 Bentley 系列软件特有的一种文件格式,其优势为:

（1）DGN 文件具有工作单位,在用软件重新打开时,会保存模型的工作单位。

（2）DGN 具有双精度,双精度能表示的数字范围更大。

（3）DGN 生命周期长,各版本之间互相兼容,且软件在短时间内不会更改文件格式,同时 MicroStation 可以直接打开 dwg 等多种文件格式,并导入或导出多种文件格式。

二、统一架构

MicroStation 软件设计过程中时时协同,无须转换,并且 MicroStation 软件具有数据的集成功能。

（1）Bentley 公司所属软件有对数据强力兼容能力，MicroStation 支持的文件类型如.dwg、.dxf、.fbx 等。详细文件类型见附表 1。

（2）系统通过导入和导出，兼容不同的数据类型。

MicroStation 支持导入以下类型文件格式：常见文件类型（附表 2）、交换文件类型（附表 3）、三维建模文件类型（附表 4）。

MicroStation 支持导出以下类型文件格式：常见文件类型（附表 5）、交换类型（附表 6）、三维建模文件类型（附表 7）、可视化文件类型（附表 8）。

三、精确绘图

在 MicroStation 中，精确绘图的作用相当于手工绘图中的尺子，可以随时根据尺子进行图形绘制。精确绘图可以自动加载，单击视图窗口，即可激活精确绘图。精确绘图可以显示坐标值，也可以根据坐标值来定位所需要的点。精确绘图能够自动转换坐标输入区域，输入值即可。

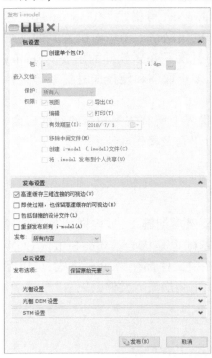

图 1-2-1　发布 i-model

四、单元

单元是复杂的元素组，可以是单个的元素，也可由多个构件组合而成。利用元素组可以替代与其相同的构件，并保存在 MicroStation 的单元库中，可以随时调用该单元。在多人协作创建模型时，模型储存为单元不仅仅降低了工作时间，也节省了大量不必要的工作，模型作为共享单元还可以大幅度减小文件的大小。MicroStation 中单元为一完整的个体，不能分割。

五、i-model

i-model 是轻量级的格式文件带有各专业的属性，Bentley 所属软件都可输出 i-model 文件，并且与其他厂商模型可通过 i-model 组装，还可在移动端查看浏览。在 MicroStation CONNECT Edition 版本中发布 i-model 包含对于点云、光栅等发布的设置，即保存、排除及改变大小，如图 1-2-1 所示。

第三节　MicroStation 功能

MicroStation 具有绘图、建模、渲染和动画制作功能。MicroStation 是 Bentley 公司系列软件的基础平台，几乎所有软件都具有 MicroStation 的功能，在其基础上增加软件专业功能，以满足不同应用领域需求。

第二章　激活 MicroStation CE

激活 MicroStation CE 需要选择工作空间→新建文档→选择种子文件→命名文件→选择保存文件的位置。

第一节　开机建立新文档

启动电脑→单击如图 2-1-1 所示软件→屏幕将依次出现图 2-1-2、图 2-1-3 所示界面。

图 2-1-1　MS 图标

图 2-1-2　MS 打开过程

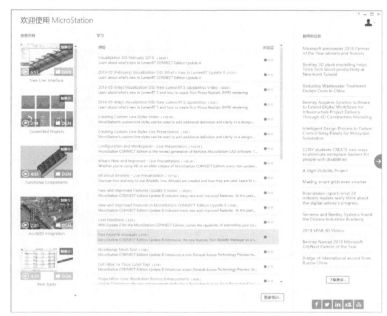

图 2-1-3　MS 欢迎界面

在查看示例一栏可以查看示例的演示视频,在学习课程一栏可以进入网站学习。单击右侧的箭头可以启动工作会话,如图 2-1-4 所示。

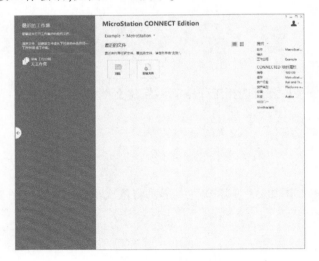

图 2-1-4   MS 操作界面

第二节   工作空间及种子的选择

选择工作空间后单击新建文件,出现如图 2-2-1 所示界面,单击浏览并选择种子。

图 2-2-1   新建文件对话框

　　文件名称命名规范为：工程名称/项目名称＋模型名称＋模型所属部位（绘制人员名称及日期可根据需求添加）。

　　工作空间有三种选择：Example、没有工作空间和创建工作空间。

　　当工作空间为 Example 时，种子文件有下列五种，如图 2-2-2 所示。

2D Metric Design	2015/7/28 8:02	Bentley MicroSt...	31 KB
2D Metric Drawing	2016/5/2 4:20	Bentley MicroSt...	29 KB
2D Metric Sheet	2016/5/2 4:20	Bentley MicroSt...	29 KB
3D Metric Design	2015/7/28 8:02	Bentley MicroSt...	52 KB
MetroStationBorders	2015/7/30 14:53	Bentley MicroSt...	69 KB

图 2-2-2　工作空间为 Example 时的种子

　　当没有工作空间时，种子文件有下列九种，如图 2-2-3 所示。

2D Imperial Design	2017/1/12 22:20	Bentley MicroSt...	29 KB
2D Imperial Drawing	2017/1/12 22:20	Bentley MicroSt...	29 KB
2D Imperial Sheet	2017/1/12 22:20	Bentley MicroSt...	29 KB
2D Metric Design	2017/1/12 22:20	Bentley MicroSt...	29 KB
2D Metric Drawing	2017/1/12 22:20	Bentley MicroSt...	29 KB
2D Metric Sheet	2017/1/12 22:20	Bentley MicroSt...	29 KB
3D Imperial Design	2017/1/12 22:20	Bentley MicroSt...	46 KB
3D Metric Design	2017/1/12 22:20	Bentley MicroSt...	54 KB
transeed	2017/1/12 22:20	Bentley MicroSt...	28 KB

图 2-2-3　无工作空间时的种子

　　当二维绘图时选择 2D 类型种子文件，当三维绘图时选择 3D 类型种子文件。

　　在工作会话中最近文件可以查看最近打开的文件，如图 2-2-4 所示，可以显示文件存储位置及文件创建时间与修改时间，并且可以选择文件。单击鼠标左键打开模型，单击鼠标右键弹出现对话框，如图 2-2-5 所示，选择预览命令，可以预览文件内的模型。

图 2-2-4　最近文件显示

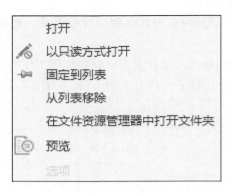

图 2-2-5　文件命令对话框

　　单击预览,弹出如图 2-2-6 所示对话框,在此对话框可以查看文件中的模型,同时对模型进行旋转、放大及缩小等操作,也可切换文件中的 model。

图 2-2-6　文件预览对话框

打开文件可以直接单击最近文件或单击浏览查找文件并打开。

第三章 界面介绍

MicroStation 操作命令在工作流中查看,每个工作流全部具有主页菜单和视图菜单,但是不同的工作流又具有不同的专业操作命令,共包括五个工作流:实景建模、绘图、建模、可视化、任务导航。实景建模主要用于实景模型、实景网格及点云的修改及演示;绘图主要用于二维模型的创建及修改;建模主要用于三维实体的创建及修改;可视化主要用于模型的漫游及动画和模型材质的增加及更改;任务导航主要用于设置元素特征,测量元素。

第一节 界面命令

MicroStation 界面主要分为工具栏、下拉菜单、命令栏、视图窗口和消息栏等。

当工作流选择为任务导航时,选择任务命令光标显示 为彩色时可选择该命令,如图 3-1-1 所示。任务导航工作流中具有 MicroStation 的所有操作命令。可以在搜索功能区内搜索操作命令,如图 3-1-2所示。

在窗口左下方状态栏,如图 3-1-3 所示,">"前是用户所选命令,">"后是命令的操作方法。在操作时,可以根据状态栏提示进行操作。

窗口下方的 图标是捕捉模式,单击后可以选择捕捉点的类型,如图 3-1-4 所示,与绘图工作流中绘图辅助内的捕捉命令栏相同,也可以通过此图标打开捕捉模式工具箱。

图 3-1-1　任务导航工作流

图 3-1-2　搜索功能区

元素选择 > 标识要添加到集中的元素

图 3-1-3　状态栏

图 3-1-4　捕捉栏

图标为激活锁,单击激活锁可以开关网格锁、关联锁、层锁、图形组锁、ACS 平面锁及

ACS 平面捕捉锁。 Default 图标显示为当前激活层,单击则弹出层管理器,可以更改当前图层。

第二节　文　　件

单击文件弹出对话框,可以对软件进行设置,设置方法与普通软件设置类似。

一、保存设置

可以将对该文件更改的用户设置、配置文件设置、视图设置等保存在所激活的设计文件中。

二、发送邮件

安装一个电子邮件程序,在默认程序控制面板中创建一个关联,便可直接在软件中发送邮件。

三、工具

在 MicroStation CE 文件中,命令后附有命令的用途,工具中的命令如图 3-2-1 所示,用户可按照需要选择命令。

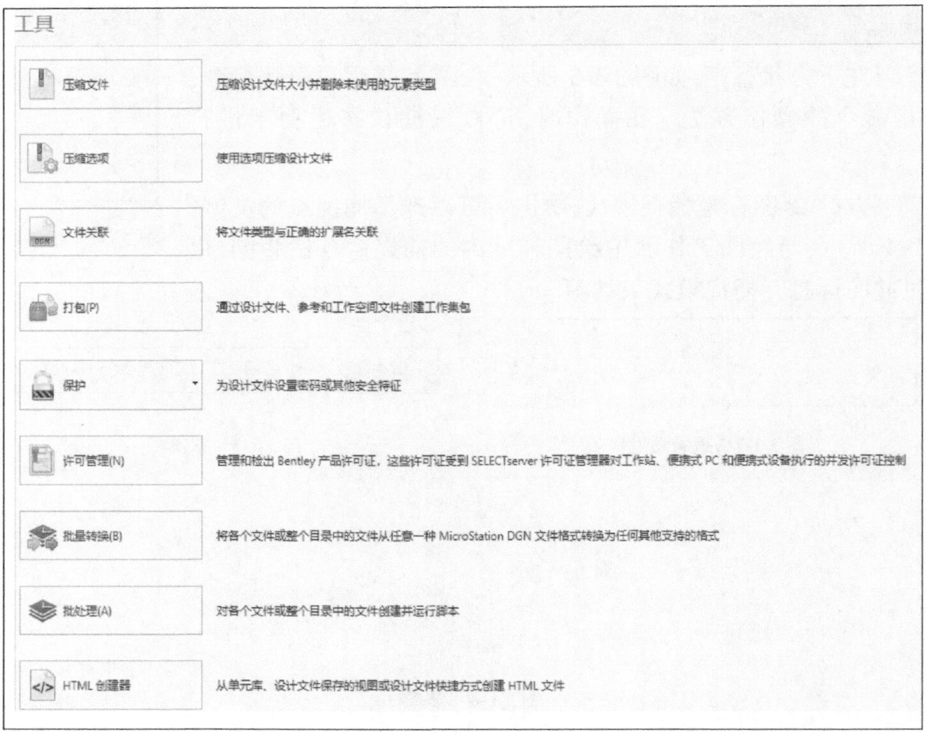

图 3-2-1　工具任务栏

四、设置

设置中分为四个版块：用户设置、系统（PC）设置、文件设置、配置设置。用户设置对话框如图 3-2-2 所示。

图 3-2-2　用户设置对话框

1. 在用户设置中常用的命令

自定义功能区：在此命令下可添加组件到所属的工作流或者快速访问工具栏中，也可以添加组件创建新的工作流，自定义功能区内包含五个工作流模块及管理模块，管理模块内包含主页、视图及界面（自定义功能区也可以通过鼠标右键单击上方任务栏空白处弹出）。

可以通过"按钮设定""功能键""键盘快捷键"这三个功能键查看鼠标、键盘的功能及操作快捷键并进行修改。

可通过工具箱选择命令，将工具添加到界面工具条中。

2. 文件设置

文件设置对话框，如图 3-2-3 所示。

图 3-2-3　文件设置对话框

文件设置中常用"设计文件设置"对话框,如图 3-2-4 所示。

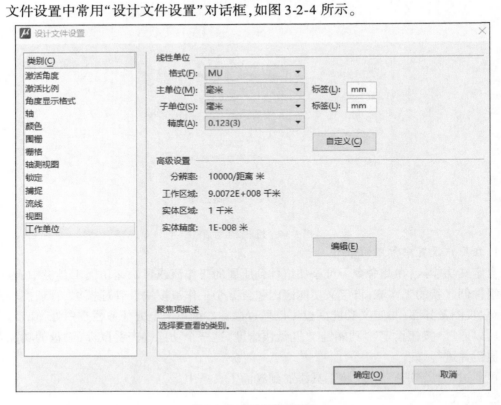

图 3-2-4　设计文件对话框

（1）工作单位

在 MicroStation 中，一个长度值由三部分组成：主单位、子单位、位置单位（即分辨率单位）。引入主单位和子单位主要是为英制单位服务。

建模时，一定要注意设定的工作单位，它关乎建模的尺寸大小，在工作单位中实体区域为 1km，当建模区域大于 1km 时，会出现建模不完整的问题。

（2）颜色

设置元素的高亮显示颜色、绘图指针颜色和选择集颜色，利于绘图时区分显示。选定颜色时，弹出如图 3-2-5 所示对话框。

图 3-2-5　设计文件设置对话框

设定颜色后在绘图窗口可看到如图 3-2-6 所示内容。鼠标选定颜色为选择集颜色，鼠标指针移至模型时显示的颜色为元素高亮显示颜色。

（3）其他

视图：修改视图尺寸，选择自己想要的背景。

捕捉：修改捕捉关键点的类型，开关 ACS 平面捕捉锁。

锁定：选择开关层锁，图形组锁，ACS 平面锁，文本节点锁。

图 3-2-6　模型颜色区分

五、属性

单击属性弹出关于模型文件属性的对话框,如图 3-2-7 所示。在属性中可查看文件位置、文件大小、文件格式等信息。

在 MicroStation 中,每一个构件模型也具有属性,选择模型,单击鼠标右键选择属性,即可查看模型属性,如图 3-2-8 所示。在模型属性中,可以查看模型的创建方法、模型体积、面积、模型所在层,同时也可更改模型的参数化设置。

图 3-2-7　文件属性对话框

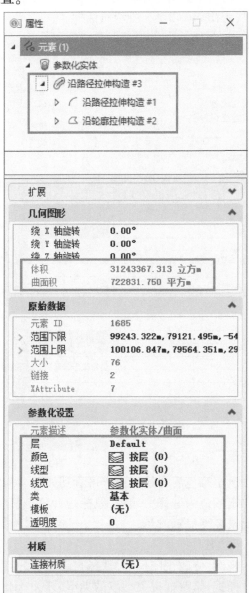

图 3-2-8　模型属性对话框

第四章 绘 图

绘图工作流与建模工作流的主页菜单分为特性、基本、选择、放置、操作、修改、组七部分,其中放置与修改选项卡两部分操作有所差别,其余部分操作相同。

第一节 特 性

特性任务栏主要是对元素层属性及线型、线宽、颜色、透明度、优先级等进行设置和修改,如图 4-1-1 所示。

图 4-1-1　特性任务栏

单击层一栏 Default 命令,弹出如图 4-1-2 所示对话框,在对话框内具有层管理器、层显示及层过滤器选项。也可在对话框内锁定层,当锁定层时,不可以对该层内的元素做任何修改、移动、删除等命令。

图 4-1-2　层对话框

单击线型一栏  命令,弹出如图 4-1-3 所示对话框,在对话框内可选择所需的线型、设置线型及管理线型。

图 4-1-3　线型对话框

单击设置线型出现设置线型对话框,如图 4-1-4 所示,在设置线型对话框内可设置线型的原点宽度、终点宽度、还原真实宽度和比例因子。

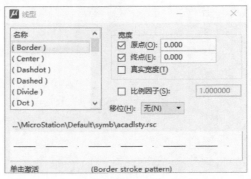

图 4-1-4　设置线型对话框

单击管理线型出现线型编辑器对话框,如图 4-1-5 所示,在线型编辑器对话框内可新建线型、导入线型和编辑线型。

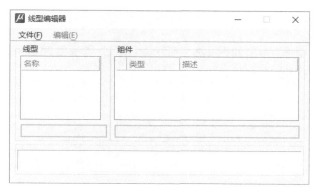

图 4-1-5　线型编辑器对话框

单击线宽一栏  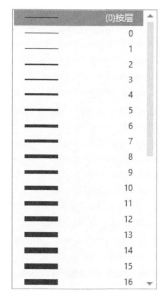 命令,弹出如图 4-1-6 所示对话框,在线宽对话框内可选择绘制模型时的线宽。

图 4-1-6　线宽对话框

第 二 节 基 本

基本任务栏主要有资源管理器、连接工具、模型和层显示命令,如图 4-2-1 所示。

图 4-2-1　基本任务栏

一、资源管理器

选择资源管理器命令,弹出如图 4-2-2 所示对话框。资源管理器可以查看当前文件的资料,例如层信息、模型信息、文本样式等。

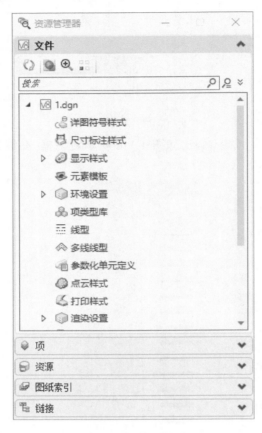

图 4-2-2　资源管理器对话框

二、模型

DGN 文件中可以创建多个模型库,用于新建构件及保存构件。其中 DGN 文件相当于存放 N 个模型的容器,模型相当于存放 N 个图纸的容器。选择模型弹出对话框,如图 4-2-3 所示。

单击　图标新建模型,弹出如图 4-2-4 所示对话框。

创建模型类型,包括设计、绘图、图纸、来自种子的设计、来自种子的绘图和来自种子的图纸。来自种子的类型可以选择绘图种子,图纸类型为三维模型。在创建模型时可以选择注释比例调节大小。

模型作为单元放置时,必须勾选"可作为单元放置""可作为注释单元放置",否则在单元库中找不到此模型。

图 4-2-3 模型对话框

图 4-2-4 创建模型对话框

图 4-2-5　层显示对话框

三、层显示

选择层显示命令,弹出如图 4-2-5 所示对话框。

图层的打开与关闭:鼠标单击图层,使其变白(若图层为目前工作图层则不允许被选择)则不显示此图层;同理,若使图层显示,只需用鼠标光标单击图层显示绿色即可;若要同时控制所有视图只需右键单击图层,选择全部开即可。

若使图层为工作图层,鼠标左键双击此图层即可。鼠标移动至元素上会显示元素所在的图层。默认图层为 Default。

复杂的图形最好使用图层管理,将不同的图形放在不同的图层中,便于区分管理元素。

四、层管理器

选择层管理器命令,弹出如图 4-2-6 所示对话框。可设定多个图层,所有图层都能自定义名称、线型、线宽等特性。

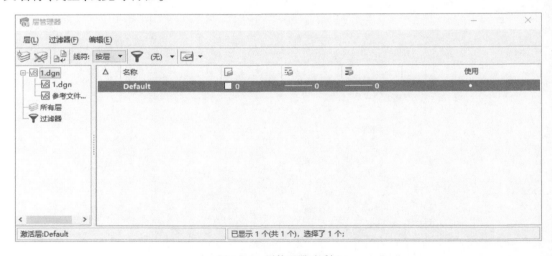

图 4-2-6　层管理器对话框

单击 图标新建图层,可创建所需图层,命名图层,自定义线型线宽及图层材质。还可设置图层是否显示。

(1)右键单击线型线宽任务栏,出现如图 4-2-7 所示对话框。通过勾选,选择层显示的内容。

(2)右键单击层,出现如图 4-2-8 所示对话框。

图 4-2-7　线型线宽任务栏　　　　　　图 4-2-8　层任务栏

（3）左键单击层下的线型、线宽、材质，会出现线型、线宽、材质的选择。

单击层的材质一栏会出现材质对话框，如图 4-2-9 所示，选择需要的材质即可。

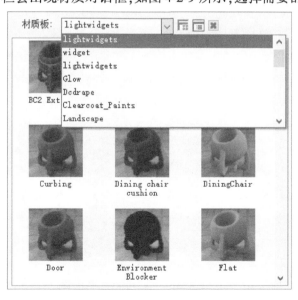

图 4-2-9　材质对话框

第三节　选　　择

选择任务栏包括元素选择、全选、围栅等命令，如图 4-3-1 所示。

图 4-3-1　选择任务栏

命令的箭头为选择按钮，当进行选择操作时，鼠标左键单击选择按钮。

图标 为全部选择按钮，当单击该按钮时，文件内的所有元素构建会全部选中，在界面下方会显示选择模型的数量 　。

图标 为锁定元素，当选择某一元素，再激活锁定元素时，该元素不可以进行移动、复制等操作。

元素选择对话框，如图 4-3-2 所示。选择时，可以选择不同的选择方式，如点选、框选、线选等；选择类型如新建选择、添加选择、减去选择、全部选择等，选择时可按元素图层、颜色、线性、线宽等不同特性，进行筛选。当按住 Ctrl 键同时利用鼠标左键进行选择时，可以添加或减去选择元素。

图 4-3-2　元素选择对话框

第四节　放　　置

绘图菜单栏放置选项卡主要可以放置点、智能线、平面图形等元素，如图 4-4-1 所示，利用这些元素创建二维图形。

一、线工具

线工具包含放置智能线和放置直线命令,如图4-4-2所示。

图4-4-1　放置对话框　　　　图4-4-2　线工具对话框

1. 放置智能线

放置智能线是用以绘制相连直线或圆弧的工具。选择放置智能线命令,弹出如图4-4-3所示的对话框。

线段类型:直线、弧线。

顶点类型:尖角、圆角、倒角(顶点类型是圆角或倒角时,可以修改圆周半径)。

直线:在绘图窗口单击激活精确绘图坐标系,如图4-4-4所示,可利用快捷键E旋转精确绘图坐标。单击文件→设置→用户→键盘快捷键,可以查看快捷键,在键盘快捷键R一栏是关于精确绘图坐标系的快捷键,如图4-4-5所示。当选定精确绘图坐标后,可通过键盘Enter键锁定画线方向,移动直线在下方X、Y、Z栏会有相应的数值变化,如图4-4-6所示,在X、Y、Z栏输入长度,单击左键即可。

图4-4-3　放置智能线对话框

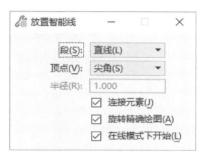

图4-4-4　精确绘图坐标　　　　图4-4-5　精确绘图快捷键

| X | 11.701 | Y | -2.841 | Z | 0.000 |

图4-4-6　X、Y、Z栏

当勾选连接元素时,可绘制一条连续的线,否则会为线段。

当勾选旋转精确绘图时,在连续绘制直线时精确绘图坐标会依据线段的方向更改精确绘图的方向;否则精确绘图坐标则为原始精确绘图坐标。

弧线:在绘图窗口单击,出现精确绘图坐标系,如图 4-4-7 所示,通过快捷键旋转至所需方向,通过键盘 Enter 键锁定画弧的方向,移动鼠标,下方 X、Y、Z 栏会有相应的数值变化,在 X、Y、Z 栏输入圆弧的半径,移动鼠标选择弧的长度,单击鼠标左键确定弧长。

当绘制直线与精确绘图坐标成某一固定角度时,则需利用键盘 M 键,将直角坐标系切换为极坐标,如图 4-4-8 所示。转换为极坐标后 X、Y、Z 栏会转换,如图 4-4-9 所示。按照需要输入数值即可。

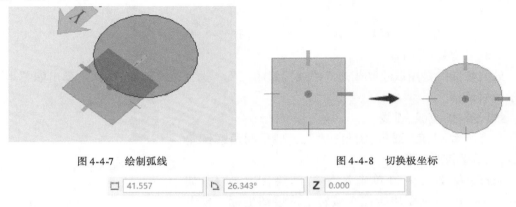

图 4-4-7　绘制弧线　　　　　　　　　　　图 4-4-8　切换极坐标

| □ | 41.557 | ⌐ | 26.343° | **Z** | 0.000 |

图 4-4-9　极坐标时的距离、角度、Z 栏

2. 放置直线

放置直线对话框,如图 4-4-10 所示。

放置直线的操作步骤与放置智能线中直线的操作相同,但是放置直线可以直接定义直线的长度及角度,勾选长度及角度对话框,并在框内输入数值即可绘制固定长度及角度直线。画一个长度 50,角度 60°的直线,如图 4-4-11 所示。

图 4-4-10　放置直线对话框　　　　　　　图 4-4-11　确定长度、角度绘制直线

3. 放置直线与放置智能线中直线画线的区别

用智能线时,如未单击右键取消,不论连续单击鼠标几次,形成的线都是一条连续的线,如图 4-4-12 所示。

用直线时,不论连续单击鼠标几次,形成的线都是分别的线段,如图 4-4-13 所示。

图 4-4-12　绘制智能线时样式　　　　　　图 4-4-13　绘制直线时样式

练习：

利用智能线直线绘制主桥主墩墩身平面图,如图 4-4-14 所示。

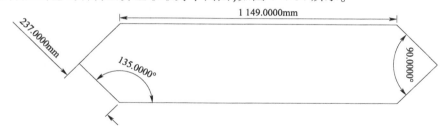

图 4-4-14　绘制智能线图例

绘图步骤如下：

（1）鼠标左键单击放置智能线线段类型为直线,然后单击绘图窗口,出现精确绘图坐标,鼠标指针向右,单击 Enter 确定方向,在 X 框内输入 1149,单击左键确定,如图 4-4-15 所示。

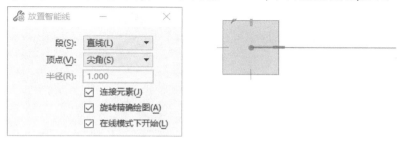

图 4-4-15　第一步操作

（2）单击 M 键由直角坐标转换为极坐标,在精确绘图中输入角度 135°和长度 237,下步步骤相同,输入角度 90°,长度 237,如图 4-4-16 所示。

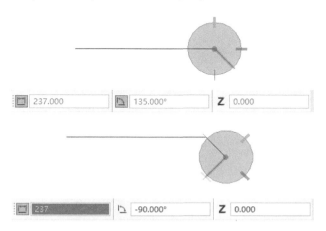

图 4-4-16　第二步操作

（3）输入角度 135°、长度 1149,后面步骤与第二步相同,完成单击左键即可,如图 4-4-17 所示。

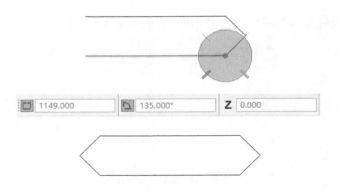

图 4-4-17　第三步操作及完成模型

绘制完成模型,点击 ⊙ 图标的属性命令,再单击元素就会看到元素所有的属性,如图 4-4-18 所示。

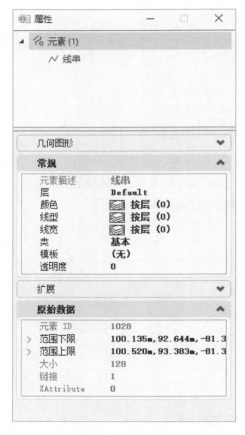

图 4-4-18　模型属性对话框

二、放置弧

放置弧包括放置弧、放置半椭圆、放置 1/4 椭圆、修改弧半径、修改弧扫角及修改弧轴,如图 4-4-19 所示。

1. 放置弧

选择放置弧命令,弹出如图 4-4-20 所示对话框。

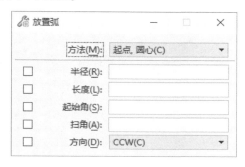

图 4-4-19 弧工具对话框 　　　　图 4-4-20 放置弧对话框

放置弧的方法有四种:起点,圆心;圆心,起点;起点,中点,端点;起点,端点,中点。

(1)"起点,圆心"放置弧步骤:先确定起点位置,再输入半径值确定圆心位置,移动鼠标确定终点位置,即可完成弧的绘制。

(2)"圆心,起点"放置弧步骤:先确定圆心位置,再输入半径值确定起点位置,移动鼠标确定终点位置,即可完成绘制。

(3)"起点,中点,端点"放置弧步骤:确定起点位置,再确定中点位置,移动弧经过两点终点位置,如图 4-4-21 所示,可以直接移动鼠标至想要的位置,单击鼠标左键即可完成弧绘制,也可以在下方距离、角度、Z 栏或者 X、Y、Z 栏中输入数值来确定弧的端点位置。输入的数值为端点距中点间的距离值。中点代表弧上某一点,并不是一段弧的中心点。

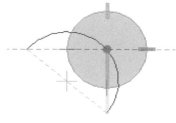

也可以通过勾选半径、长度及起始角来确定弧的长度,如图 4-4-22 所示。

图 4-4-21 起点,中点,端点放置弧

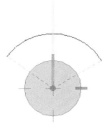

图 4-4-22 确定半径、长度、角度画弧

(4)"起点,端点,中点"放置弧步骤与"起点,中点,端点"放置弧步骤类似,区别在于前者先确定起点和端点再确定中点,后者先确定起点和中点再确定端点。

当完成放置线或弧时,选择线或弧可出现如图 4-4-23 所示句柄,单击句柄可对线或者弧

进行更改,如图 4-4-24 所示。单击弧线会比单击直线时多四个箭头的句柄,单击句柄可对弧线进行移动。

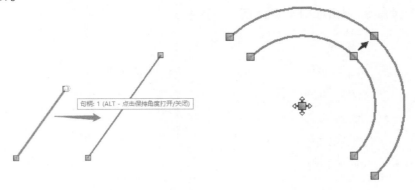

图 4-4-23 修改直线长度   图 4-4-24 修改弧线长度

2. 放置半椭圆与放置 1/4 椭圆

放置半椭圆为放置扫角为 180°的椭圆弧;放置 1/4 椭圆为放置扫角为 90°的椭圆弧。

步骤:在绘图窗口输入半椭圆一边的端点,然后在距离、角度、Z 栏或者 X、Y、Z 栏中输入长度,移动鼠标确定弧的方向,单击左键即可。放置 1/4 椭圆与放置半椭圆的步骤是相同的。

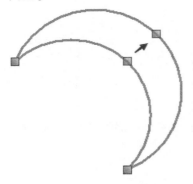

3. 修改弧半径

可修改弧的半径、扫角和圆心。单击弧可直接移动鼠标进行修改,或者在下方框内输入数值,修改后弧的两端不会改变,如图 4-4-25 所示。

4. 修改弧扫角

可延长或缩短弧的弧长(扫角)。单击弧可直接移动鼠标进行修改,或者在下方框内输入角度,修改后弧的一端不会改变,如图 4-4-26 所示。

5. 修改弧轴

可修改弧的长半径或短半径。单击弧可直接移动鼠标进行修改,但是弧的两端不会改变,或者在 X、Y、Z 栏输入数值即可,如图 4-4-27 所示。当

图 4-4-25 两端不变修改弧线

修改弧半径时,修改后仍为圆弧;当修改弧轴时,修改后为椭圆弧。

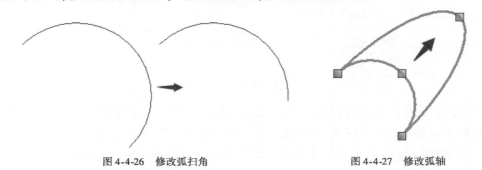

图 4-4-26 修改弧扫角   图 4-4-27 修改弧轴

三、椭圆工具

椭圆工具包括放置圆、放置椭圆等对话框,如图 4-4-28 所示。

1. 放置圆

选择放置圆命令,弹出如图 4-4-29 所示对话框。

图 4-4-28　椭圆工具任务栏　　　　　图 4-4-29　放置圆对话框

放置圆的方法有以下三种:中心、圆周、直径。填充类型有:无、不透明、轮廓填充。如选择不透明和轮廓填充时,可对圆的填充色进行选择。

(1)中心

以中心画圆时精确绘图坐标系的中心为圆的中心,如图 4-4-30 所示,圆的半径可以在下方 X、Y、Z 栏中输入数值,也可以通过勾选直径/半径输入数值来确定。

(2)圆周

以圆周画圆时,精确绘图坐标系的中心为圆周上一点,如图 4-4-31 所示。在绘图窗口输入圆上第一点,输入弦长数值再单击鼠标左键输入圆上第二点,如图 4-4-31 所示,最后输入圆上第三点即可。

(3)直径

以直径画圆时,精确绘图坐标系的中心为圆周上一点,如图 4-4-32 所示。在绘图窗口输入一点,用快捷键将精确绘图坐标旋转至所需方向,单击 Enter 锁定方向,输入半径/直径,单击左键确定即可。

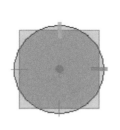
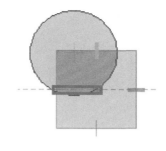
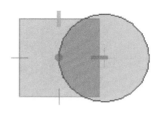

图 4-4-30　中心画圆　　　　图 4-4-31　圆周画圆　　　　图 4-4-32　直径画圆

2. 放置椭圆

选择放置椭圆命令弹出对话框,如图 4-4-33 所示。

图 4-4-33　放置椭圆对话框

　　放置椭圆的方法：中心法、圆周法、端点法。利用中心法与圆周法放置椭圆与放置圆的方法相同。

　　端点放置方法：将放置方法选为端点，在绘图窗口输入椭圆端点；沿着所画椭圆的方向移动鼠标，可观察椭圆中心十字光标，如图 4-4-34 所示，十字光标为椭圆中心，输入 2 倍长轴距离，单击鼠标左键，移动鼠标确定椭圆短轴的方向，输入 2 倍短轴距离，单击确定即可绘制完成椭圆，如图 4-4-35 所示。也可通过勾选命令栏中的长轴、短轴来确定椭圆，旋转为旋转椭圆长轴与精确绘图坐标系的角度。

图 4-4-34　放置椭圆极坐标　　　　　　　　　　图 4-4-35　椭圆绘制

四、多边形工具

　　多边形工具包括放置块、放置形状、放置正交形状和放置正多边形，如图 4-4-36 所示。

1. 放置块

　　选择放置块命令，弹出如图 4-4-37 所示对话框。

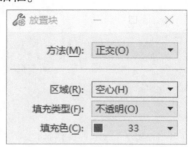

图 4-4-36　多边形工具任务栏　　　　　图 4-4-37　放置块对话框

　　放置块的方法有以下两种：

（1）正交

以正交法放置块时,精确绘图坐标系中 X、Y 轴与矩形的两边重合,如图 4-4-38 所示。单击绘图窗口空白处激活精确绘图坐标,移动鼠标确定矩形的长和宽,或在下方 X、Y、Z 栏输入长和宽的数值,单击鼠标左键即可绘制完成矩形。

（2）旋转

以旋转法放置块时出现的坐标为极坐标,如图 4-4-39 所示。单击绘图窗口空白处激活极坐标,在下方距离、角度、Z 栏中输入距离及角度,距离就是矩形一边的边长,角度为矩形的边与精确绘图坐标之间的角度,如图 4-4-40 所示,单击鼠标左键,出现如图 4-4-41 所示内容,再输入矩形的另一边长数值,单击左键即可完成矩形绘制。

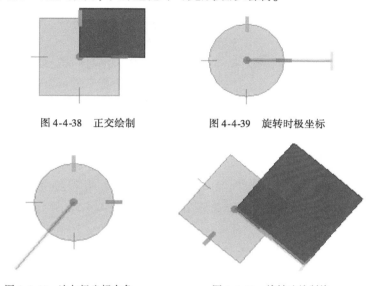

图 4-4-38　正交绘制　　　　　　　图 4-4-39　旋转时极坐标

图 4-4-40　边与极坐标夹角　　　　　图 4-4-41　旋转法绘制块

2. 放置形状与放置正交形状

选择放置形状命令弹出对话框,如图 4-4-42 所示,选择放置正交形状命令,弹出如图 4-4-43所示对话框。

图 4-4-42　放置形状对话框　　　　　图 4-4-43　放置正交形状对话框

放置形状的操作与放置智能线的操作相同,区别在于放置形状操作后线会自动闭合为面,如图 4-4-44 所示。放置正交形状与放置形状操作及原理相同,其中放置正交形状图形的每条边必须是垂直相交的,如图 4-4-45 所示。

图 4-4-44　绘制形状　　　　　　　图 4-4-45　绘制正交形状

图 4-4-46　放置多边形对话框

3. 放置正多边形

选择正多边形命令弹出对话框,如图 4-4-46 所示。

放置正多边形的方法有三种:圆内接、圆外切、按边。三种方法操作相同,先在放置正多边形对话框内输入边的数量,圆内接与圆外切两种方法可以在对话框内输入半径,也可在下方距离、角度、Z 栏中输入半径,还可输入角度旋转正多边形。圆内接六边形,如图 4-4-47 所示;圆外切六边形,如图 4-4-48 所示;圆按边六边形,如图 4-4-49 所示;圆按边六边形偏移角度 20°,如图 4-4-50 所示。

图 4-4-47　圆内接六边形　　　　　图 4-4-48　圆外切六边形

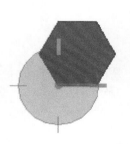

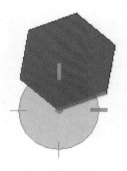

图 4-4-49　圆按边六边形　　　　　图 4-4-50　圆按边六边形偏移角度 20°

五、放置点

放置点包括放置激活点、数据点间的点、元素上的点、相交处的点、沿元素的点和沿元素一定距离的点,如图4-4-51所示。

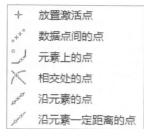

图4-4-51 放置点任务栏

1.放置激活点与元素上的点

单击鼠标左键会出现点,点绘制完成后为一个黑色的小点,绘制过程中鼠标指针移动至点上会出现精确绘图坐标、十字交叉光标及点所在的图层,如图4-4-52所示。绘制点后,鼠标单击会出现句柄图标,如图4-4-53所示。

当把点类型选择为字符时,可输入字符,当输入字符为A时,则绘制点时可出现A样式,如图4-4-54所示。当把点类型选择为单元时,则绘制点为单元。"元素上的点"与"放置激活点"的原理相同,其中"元素上的点"必须将点放置在元素上。方法为单击元素上任意一处即可。

图4-4-52 放置点时极坐标　　　　图4-4-53 点的样式　　　　图4-4-54 字符为A时点

2.在两数据点间构造点与沿元素构造点

在两数据点间构造点是在两点间选择点数进行绘制,先在对话框内选择点数,单击绘图窗口会出现点数的字符,然后移动鼠标确定方向,点击左键即可,如图4-4-55所示(为了方便查看,所以把点类型改为A字符)。沿元素构造点与在两数据点间构造点原理相同,但是沿元素构造点必须要在元素上构建,如图4-4-56所示。

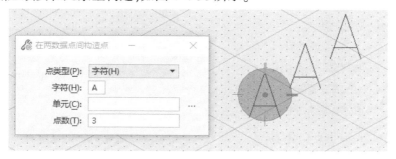

图4-4-55 在两数据点间构造点

3.在相交处构造激活点

在相交处构造激活点命令是点必须绘制在两个元素的相交处,依次单击两条直线,点会自动绘制在交点处,如图4-4-57所示。

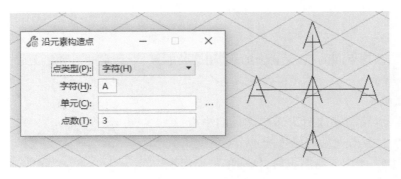
图 4-4-56　沿元素构造点

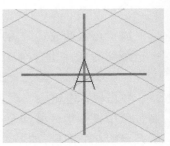
图 4-4-57　在相交处构造激活点

4. 沿元素构造一定距离的激活点

选择元素,选择一点,勾选对话框中距离,输入数值,单击左键即可,如图 4-4-58 所示。

图 4-4-58　沿元素构造一定距离的激活点

六、放置多线

放置多线包括放置多线、放置流线串、放置点或流曲线、构造角平分线、构造最短距离线和按激活角度构造直线,如图 4-4-59 所示。

1. 放置多线

选择放置多线命令弹出对话框,如图 4-4-60 所示。

图 4-4-59　放置多线任务栏

图 4-4-60　放置多线对话框

单击样式后面的 … 图标可弹多线的线型样式对话框,如图 4-4-61 所示。可对多线样式进行选择。

绘制多线与放置智能线的方法相同,但是绘制多线时,多线可以自动连接,如图 4-4-62 所示。

图 4-4-61 多线线型样式对话框

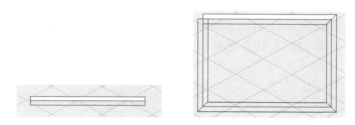

图 4-4-62 绘制多线

2. 构造角平分线

利用构造角平分线命令可以方便绘制已知角的平分线。先绘制一个 40° 的角,选择构造角平分线命令,先单击角一边的端点,再单击角的顶点,然后鼠标移动到另一边上的一点,便可显示角平分线,单击鼠标左键结束即可,如图 4-4-63 所示。

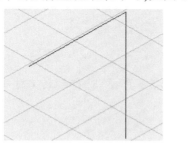

图 4-4-63 构造角平分线

3. 构造最短距离线

构造最短距离线命令可在两元素最近点间构造直线。绘制一条直线和一个圆形,选择构造最短距离线命令,先单击直线,再单击圆形,并在绘图窗口单击鼠标左键,便可显示直线与圆形的最短距离,如图 4-4-64 所示。

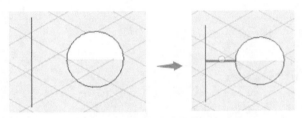

图 4-4-64　构造直线与圆最短距离线

第五节　操　作

在实际工作中,绘图命令无法满足建模需要,需要对已绘制的模型进行复制、修改、移动、镜像等操作,来满足实际需求,提高工作效率。操作任务栏如图 4-5-1 所示。

图 4-5-1　操作任务栏

一、复制

选择复制命令, 弹出复制对话框,如图 4-5-2 所示,在副本框中可以输入数值,代表复制元素的个数。复制时单击鼠标选择元素激活精确绘图坐标,可以在 X、Y、Z 轴输入数值,代表被复制元素到下一个复制元素的距离,如图 4-5-3 所示。

图 4-5-2　复制对话框　　　　　　　　　图 4-5-3　X、Y、Z 轴对话框

二、移动

选择移动命令, 弹出移动对话框,如图 4-5-4 所示,用以移动元素,移动命令操作方法与复制命令操作相同。

三、旋转

选择旋转命令, 弹出选择对话框,如图 4-5-5 所示,选择旋转方法进行旋转操作。旋转方法包括:激活角度、两点法和三点法。

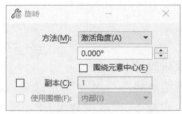

图 4-5-4　移动对话框　　　　　　　　图 4-5-5　旋转对话框

（1）激活角度：通过输入的角度，进行旋转（角度为90°时图形变化，如图4-5-6所示）。

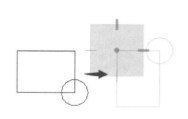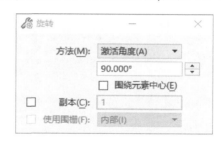

图4-5-6 激活角度实例

（2）两点：以两个坐标点定义旋转角。定义旋转基准点，按鼠标左键（或捕捉某一点）确定旋转角度。

（3）三点：以三个坐标点定义旋转角。单击鼠标左键输入第一点确定旋转中心，再单击鼠标左键输入第二点定义旋转起始点，最后移动鼠标至旋转完成位置，单击鼠标左键输入第三点定义旋转角。

四、缩放

选择缩放命令![icon]，弹出如图4-5-7所示缩放对话框，缩放的方法为激活比例和三点法。

激活比例法：当缩放方法选择激活比例，输入缩放比例，如图4-5-8所示，可对元素进行缩放；当打开比例锁时，可输入不同的 X、Y、Z 轴比例进行缩放；当勾选副本时，被缩放的元素不会被修改，在元素位置新增添一个缩放后的元素；当勾选围绕元素中心时，以元素中心为缩放的中心。

图4-5-7 缩放对话框   图4-5-8 X=2,Y=2 缩放比例

五、镜像

选择镜像命令![icon]，弹出如图4-5-9所示镜像对话框，镜像方向为垂直、水平和直线。

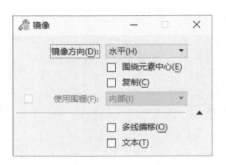

图 4-5-9 镜像对话框

1. 垂直

图形镜像方法为垂直时，图形变化如图 4-5-10 所示。

图 4-5-10 垂直镜像

2. 水平

图形镜像方法为水平时，图形变化如图 4-5-11 所示。

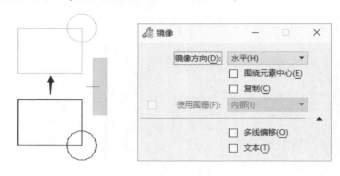

图 4-5-11 水平镜像

3. 直线

图形镜像方法为直线时，图形变化如图 4-5-12 所示。

六、平行移动

选择平行移动命令 ⟨⟨ ，弹出如图 4-5-13 所示平行移动对话框，平行移动可移动元素、元素段和元素部分。

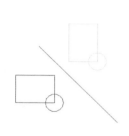

图 4-5-12 直线镜像　　　　　　　　　　图 4-5-13 平行移动对话框

1. 元素

当方法为元素时,模式斜角、圆角依次选择后,图形变化如图 4-5-14 所示。

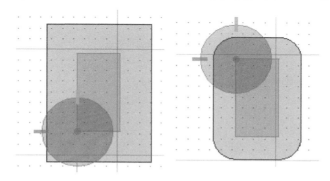

图 4-5-14 方法为元素时,模式斜角、圆角图形

2. 元素段

当方法为元素段时,为移动元素的一边,如图 4-5-15 所示。

3. 元素部分

当方法为元素部分时,先选择平行移动的第一点,移动鼠标选择第二点,已选择部分会加粗显示,移动鼠标至终点位置即为完成平行移动,如图 4-5-16 所示。

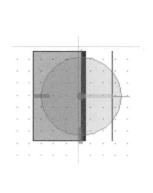

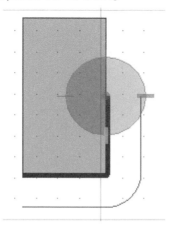

图 4-5-15 方法为元素段时图形　　　图 4-5-16 方法为元素部分时图形

七、阵列

选择阵列命令  ,弹出如图 4-5-17 所示阵列对话框,阵列的方法为直角坐标法、极坐标法和沿路经法。

图 4-5-17 构造阵列对话框

1. 直角坐标

按照直角坐标阵列,图形变化如图 4-5-18 所示。

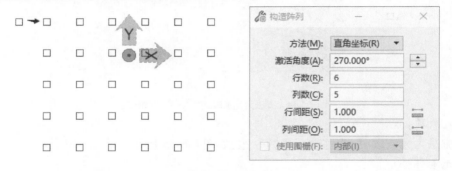

图 4-5-18 按直角坐标阵列

2. 极坐标

按照直角坐标阵列,图形变化如图 4-5-19 所示。

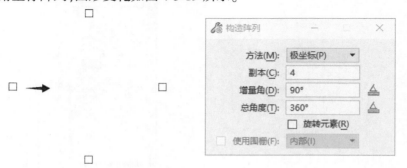

图 4-5-19 按极坐标阵列

3. 沿路径

按照沿路径阵列,图形变化如图 4-5-20 所示。

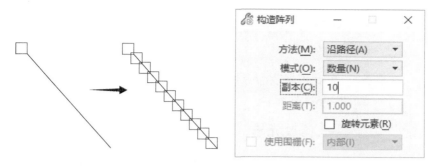

图 4-5-20 沿路径阵列按边对齐元素

选择按边对齐元素命令,弹出对齐边对话框对齐方法,如图 4-5-21 所示,该命令可以将多个模型按上下左右等方式对齐排列。

如 4-5-22 所示两个矩形,选择按顶对齐,先选择作为基准对齐的元素,再选择要对齐的元素即可,如图 4-5-23 所示。

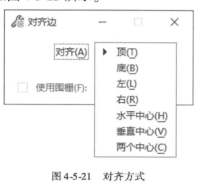

图 4-5-21 对齐方式 　　图 4-5-22 对齐边选择对齐方式为顶

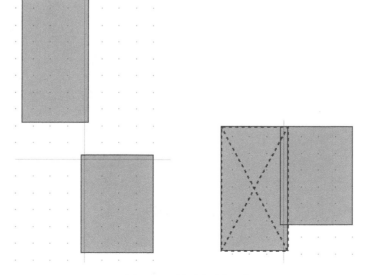

图 4-5-23 按顶边对齐元素

第六节　修　　改

图 4-6-1　修改任务栏

可利用修改命令快速更改二维图形的形状及属性等,修改任务栏如图 4-6-1 所示。

一、修改元素

选择修改命令,弹出修改元素对话框,如图 4-6-2 所示。

当选择角点时,可对元素的角点进行修改;当选择边时,可对元素的边进行修改,也可修改图形的角度,如图 4-6-2 所示。

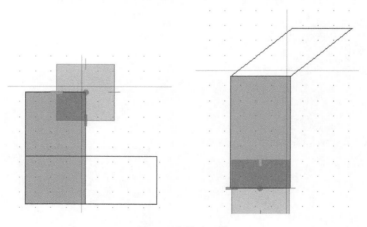

图 4-6-2　修改元素

二、中断元素

选择中断元素命令,弹出中断元素对话框,如图 4-6-3 所示,该命令可将封闭元素转变成打开元素,非封闭元素则被部分切除。

（1）按两个点中断，如图 4-6-4 所示。

选择一点作为断点，移动鼠标选择截取的圆弧即可。

（2）按点中断，如图 4-6-5 所示。

（3）按拖拽线中断。

单击鼠标左键延伸出一条过模型的线，模型会被分成两个部分。

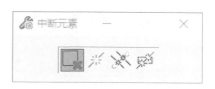

图 4-6-3　中断元素对话框

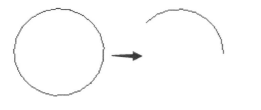

图 4-6-4　按两个点中断

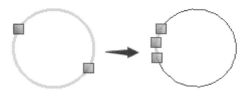

图 4-6-5　按点中断

三、剪切多个

选择剪切多个命令，弹出修剪多个对话框，如图 4-6-6 所示。先单击要修剪元素，然后单击要剪切的部分即可，如图 4-6-7 所示。

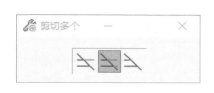

图 4-6-6　剪切多个对话框

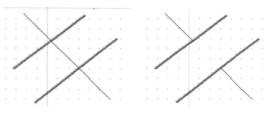

图 4-6-7　剪切相交部分

四、修剪为交集

选择修剪为交集命令，鼠标左键单击两条直线修改后保留部分，即可对两条线进行修剪，如图 4-6-8 所示。

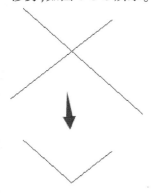

图 4-6-8　修剪为交集

五、构造圆角

选择构造圆角命令，将两条相交的线交角更改为构造半径为 5 的圆角，依照顺序单击两条线，单击鼠标左键结束即可，如图 4-6-9 所示。

六、构造倒角

选择构造倒角命令，弹出构造倒角对话框，如图 4-6-10 所示。构造四边形倒角，依照顺序单击两条需要倒角的边，距离 1

为先单击的边,距离 2 为后单击的边,如图 4-6-10 所示。

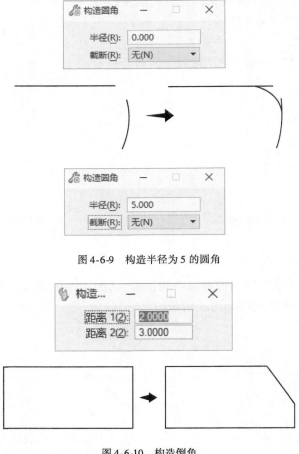

图 4-6-9　构造半径为 5 的圆角

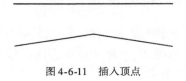

图 4-6-10　构造倒角

七、插入顶点

选择插入顶点命令 ,点击元素中任意一点,单击鼠标左键结束即可,可对元素插入顶点,插入的顶点可以进行拖拽移动,便于元素形状的修改,如图 4-6-11 所示。

图 4-6-11　插入顶点

八、更改特性

选择更改特性命令 ,弹出如图 4-6-12 所示更改特性对话框,更改特性用以修改元素属性成为工作属性,可以进行图层、颜色的更改,与主页中特性选项卡中的命令相同。

图 4-6-12 更改特性对话框

第七节 组

组任务栏主要有打散元素、创建复杂链、创建复杂多边形等命令,如图 4-7-1 所示。

一、创建区域

选择创建区域命令 ,弹出如图 4-7-2 所示创建区域对话框,创建区域可用区域创建复杂形状,可创建并集区域、交集区域、差集区域。

图 4-7-1 组任务栏 图 4-7-2 创建区域对话框

(1)并集,如图 4-7-3 所示。

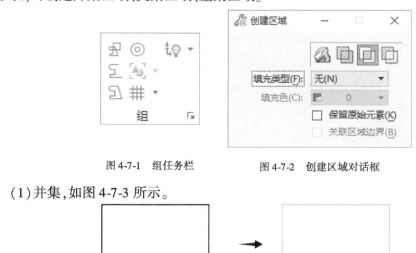

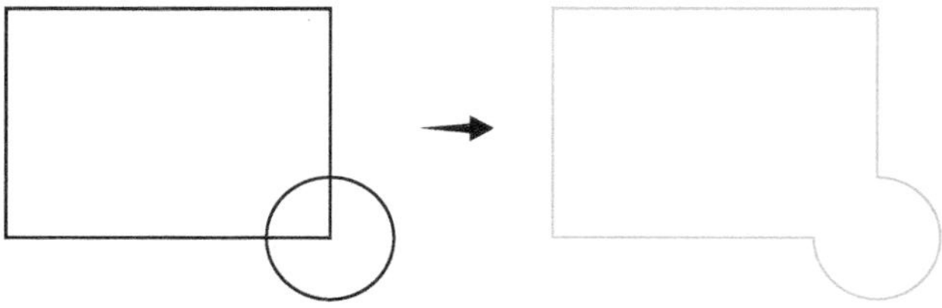

图 4-7-3 创建并集区域

（2）交集，如图 4-7-4 所示。

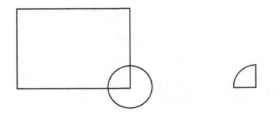

图 4-7-4　创建交集区域

（3）差集，如图 4-7-5 所示。

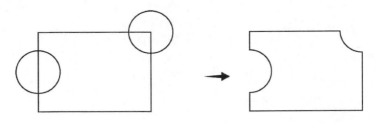

图 4-7-5　创建差集区域

二、创建复杂链

"创建复杂链"可以将多条断裂的线创建成一条复杂链，对话框如图 4-7-6 所示。

图 4-7-6　创建复杂链对话框

方法如下：

手动：每一个元素手动选择。

自动：在第一个元素被选择后，其他元素自动加入。

最大间隙：当方法为自动时，设定两元素最大可连接的距离，当最大间距为 0 时，只有相连接的元素可被串接；不相连的元素自动创建复杂链时状态栏会显示没有找到连接元素，如图 4-7-7 所示。

（1）手动。选择第一个元素，连续选择元素以加入此链接，在视图窗口空白处依次单击相连线段，再单击鼠标右键完成此复杂链接，如图 4-7-8 所示。

（2）自动。选择第一个元素，如果分叉出现，按鼠标左键接受路径或按鼠标右键改变路径，再继续单击鼠标左键直至所需要元素链接为止，单击鼠标右键完成此复合链接。

图 4-7-7 不相连元素自动创建复杂链

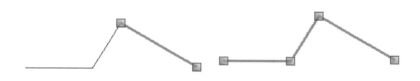

图 4-7-8 手动创建复杂链

三、创建复杂形状

创建复杂形状命令是将复杂的平面元素创建闭合的复杂形状。选择创建复杂形状命令,弹出如图 4-7-9 所示对话框。首先在绘图窗口绘制四条连接线段,使四条线段封闭,选择创建复杂形状命令,依次单击连续线段,单击鼠标左键结束即可,如图 4-7-9 所示。

图 4-7-9 创建复杂形状对话框

方法:手动,自动(与创建复杂链的原理相同)。

区域:空心,实体。

填充类型:无,本色填充,轮廓填充。

创建复杂多边形与创建复杂链的方法相同,区别在于创建复杂多边形是将一串未封闭的共平面元素做连接工作,形成多边形。

四、开孔

开孔命令是将多个图形构成单一具有孔元素的实体元素。首先再绘图窗口绘制四边形和圆形,四边形与圆形在同一平面,选择开孔命令,依次单击四边形、圆形,再单击鼠标左键结束即可,如图 4-7-10 所示。

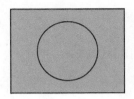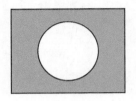

图 4-7-10 开孔示例

五、添加到图形组

添加到图形组命令是创造一个图形组,介入元素至已存在的图组,将两个或多个图组组成单一图组。添加命令组对话框单击搜索,出现命名组,如图 4-7-11 所示。

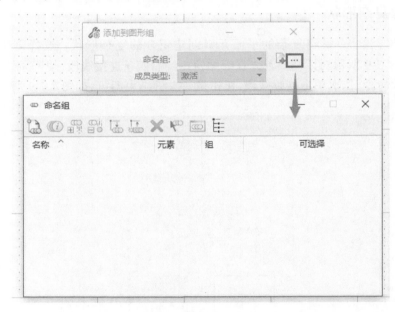

图 4-7-11 添加到图形组及命名组对话框

方法:选择图形组命令,并选择各个需要添加到图形组的元素,按鼠标左键完成此图组。当选择第一元素为非图组时,则创建新图组;当选择第一个元素为图形组时,此后添加的图组也会加入该组中。

注:加入图组命令后,需将图形组锁打开,否则编辑时图组各元素仍被视为单一元素。

图形组打散命令是从一个图形组中删除元素,将整个图组打散。

注:应用打散图组命令时,需要先将图形组锁打开;从图形组删除元素时,要先将图形组锁关掉。

六、打散元素

打散元素命令可用于将元素打散为简单的组件,打散元素对话框如图4-7-12所示。

图4-7-12 打散元素对话框

注:打散命令只能执行一层打散。

例:若复合多边形是由两条连续线串所组成,则虽然将参数线串/多边形(L)开关打开,但是一次打散之后只会将多边形打散成两条连续线串,如果需要将多边形打散为多线段,需进行第二次打散。

第八节 视 图

视图任务栏包括演示、工具、相机等命令栏,可更改视图窗口样式及区域,如图4-8-1所示。

图4-8-1 视图任务栏

一、演示

1.试图特性

视图特性是所在视图组中的视图属性,可在视图属性中选择模型及显示样式,在进行更改时每个视图是独立控制的。视图属性对话框如图4-8-2所示。

2.应用显示样式

应用显示样式时通过着色、线框、隐藏、隐藏填充基础来控制视图中的主体、背景、隐藏边线的显示,用户可以自定义,并且应用在不同的场合。

图 4-8-2　视图特性命令栏

（1）鼠标左键单击应用显示样式

单击鼠标左键出现更改视图显示样式对话框,如图 4-8-3 所示。

图 4-8-3　更改视图显示样式对话框

单击 ⋯ 出现显示样式对话框,如图4-8-4所示。

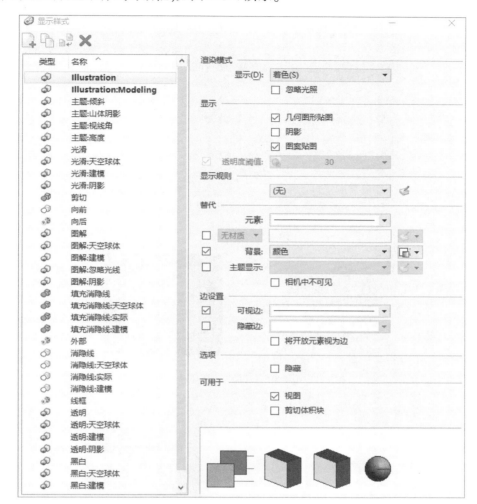

图4-8-4 显示样式对话框

在显示样式对话框中可以修改样式的特征、背景等,也可以新建样式。

(2)鼠标左键长按显示样式

鼠标左键长按 图标,显示样式出现如图4-8-5所示对话框。首先在绘图窗口内Illustration样式下绘制一个矩形,切换显示样式为光滑,单击缺省应用样式,矩形显示样式如图4-8-6所示。

二、工具

1.窗口区域

可在当前设计中制定一个矩形区域,窗口对话框如图4-8-7所示,首先选择窗口区域所定义的窗口,然后定义矩形区域,定义之后单击左键,可看到模型充满区域。

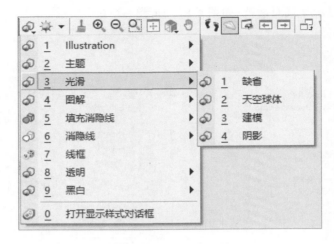

图 4-8-5　切换显示样式

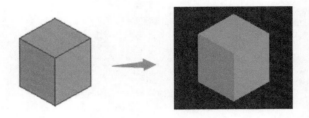

图 4-8-6　切换为光滑样式

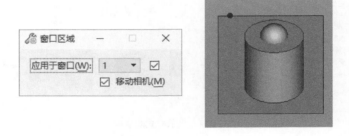

图 4-8-7　定义矩形窗口区域

2. 缩小及全景视图

选择缩小视图命令,弹出如图 4-8-8 所示对话框,缩小命令是为减小视图窗口比例,使元素缩小显示,选择缩放比例,单击视图即可;选择全景视图命令,弹出如图 4-8-9 所示对话框,全景视图是为调整视图比例,使所有元素均可见。

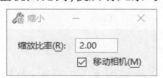　　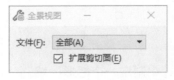

图 4-8-8　缩小视图对话框　　　　图 4-8-9　全景视图对话框

三、相机

1. 镜头类型
镜头类型有五种,如图 4-8-10 所示。选择不同的相机可更改视图,单击左键即可。

2. 放置相机
单击放置相机命令,弹出如图 4-8-11 所示对话框。可以用于调节虚拟的照相机。

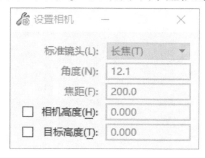

图 4-8-10 镜头类型任务栏   图 4-8-11 设置相机对话框

首先打开某一视图的照相机,选择镜头类型,设置角度及焦距,定义相机位置,定义相机目标点,单击左键即可。

四、放置命名边界

选择放置命名边界命令,弹出如图 4-8-12 所示对话框。放置命名边界命令可放置一个或多个命名边界,并选择性地创建保存的视图和自动化动态视图。

五、剪切体积块

选择剪切体积块命令,弹出如图 4-8-13 所示对话框。剪切体积块工具可在复杂的模块中,针对局部区域进行绘图或编修,或将视图体积局限于某一部分,以简化工作环境内的几何图形。

图 4-8-12 设置命名边界对话框   图 4-8-13 剪切立方体对话框

1. 鼠标左键单击剪切体积块

在剪切模型时会出现一个区域的虚线来提示剪切的部位,如图 4-8-14 所示。

图 4-8-14　定义剪切面对话框

鼠标左键单击剖面剪切工具,选择剪切方法,单击模型出现样式,如图 4-8-15 所示。

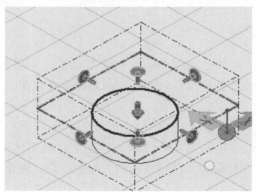

图 4-8-15　剪切后模型

紫色虚线是这个视图的范围,移动可改变剪切的范围(蓝色图钉可转化为箭头,使用箭头可看到剪切平面之外的模型,蓝色图钉不能看到;鼠标右键单击图案出现对话框,单击切换剪切就可以切换成箭头)。绿色箭头代表剪切位置。

2. 鼠标左键长按剪切体积块

鼠标左键长按剪切体积块,弹出如图 4-8-16 所示对话框。

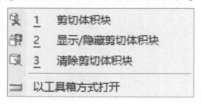

图 4-8-16　剪切立方体工具

剪切体积块命令运行时,视图显示会出现剪切体积块设置来调节剪切方向的显示模式和开关,如图 4-8-17 所示。

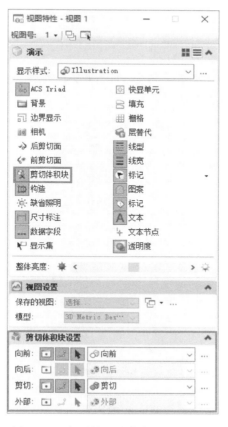

图 4-8-17 应用剪切立方体命名后视图特性

当剪切体积块时,可以通过细节设计对剖面的索引符号等细节进行更改设置,如图 4-8-18所示。

六、保存视图

选择保存视图命令,弹出如图 4-8-19 所示对话框,保存视图相当于给当前的视图拍照并自动保存在路径下。

图 4-8-18 细节设计任务栏

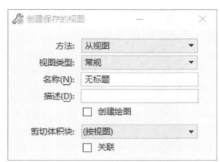

图 4-8-19 保存视图对话框

第九节　注　　释

一、文本

选择文本命令会出现放置文本等命令,如图 4-9-1 所示。注释栏中也有关于文本的命令,注释栏中文本命令如图 4-9-2 所示。

图 4-9-1　文本任务栏

图 4-9-2　注释栏

1.放置文本

单击放置文本命令弹出放置文本及文本编辑器对话框,如图 4-9-3 所示。

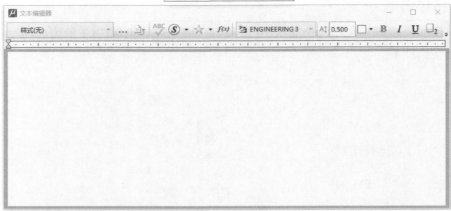

图 4-9-3　放置文本及文本编辑器对话框

在文本编辑器中输入文字,选择文字样式及字体,移动鼠标可看到文字随着鼠标的移动而移动,单击放置的位置即可。

2.编辑文本

编辑文本可以对放置的文本进行更改。先放置一个 BIM 文本,如图 4-9-4 所示,然后单击编辑文本命令,单击放置的 BIM 文本,弹出文本编辑器对话框,输入更改的文本为 MicroStation,再单击 BIM 文本,便可替换,如图 4-9-5 所示。

图 4-9-4　BIM 文本　　　　　　　　　图 4-9-5　替换为 MicroStation

3.更改文本特性

更改文本特性可将文本元素特性更改为激活文本设置,例如样式、字体、高度等,如图 4-9-6 所示。

图 4-9-6　更改文本特性对话框

二、批注

选择批注命令,弹出如图 4-9-7 所示对话框。放置批注与放置文本的操作相同,一个矩形放置一个长宽的批注,先在文本编辑器中编辑批注内容,再单击放置批注的位置确定箭头指向即可,如图 4-9-8 所示。

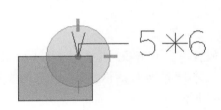

图 4-9-7　放置批注　　　　　　　　图 4-9-8　放置批注对话框

三、尺寸标注

1.元素尺寸标注

选择元素尺寸标注命令,弹出如图 4-9-9 所示对话框。

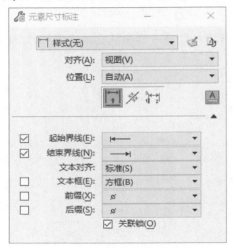

图 4-9-9　元素尺寸标注对话框

(1)元素尺寸标注

利用元素尺寸标注命令对矩形进行标注,如图 4-9-10所示,单击矩形的边就会自动出现数值。

(2)标签线

利用标签线命令对矩形进行标注,单击边长会出现长度及角度的数值,如图 4-9-11 所示。

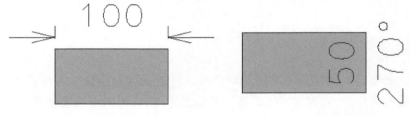

图 4-9-10　利用元素尺寸标注　　　　　图 4-9-11　利用标签线标注

（3）标线垂直于线大小

利用垂直于线大小命令标注时，需要单击两点进行标注。

2. 线性尺寸标注

线性尺寸标注是在两点间进行线性标注。首先单击矩形的一个顶点，再依次单击矩形边上的中点及另一顶点，按照线性大小进行标注，如图 4-9-12 所示；按照线性层叠尺寸标注，如图 4-9-13 所示；按照线性单个尺寸标注，如图 4-9-14 所示。

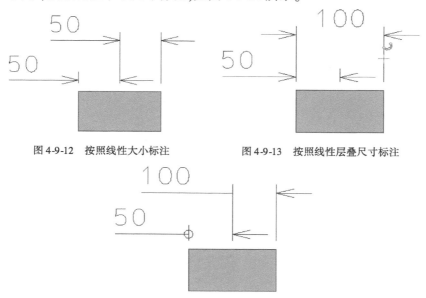

图 4-9-12　按照线性大小标注　　　　图 4-9-13　按照线性层叠尺寸标注

图 4-9-14　按照线性单个尺寸标注

3. 角度尺寸标注

选择角度尺寸标注命令，弹出如图 4-9-15 所示对话框。放置角度尺寸标注，首先选择尺寸标注起点，再选择关联点，鼠标左键单击定义尺寸界线长度，确定所需位置，单击鼠标右键结束即可。放置角度尺寸标注的操作相同，样式不同。

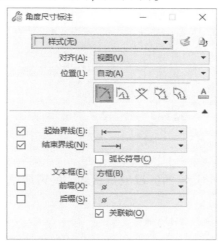

图 4-9-15　角度尺寸标注对话框

按照角大小进行标注,如图4-9-16所示;按照角定位进行标注,如图4-9-17所示;按照线间夹角尺寸标注,如图4-9-18所示。

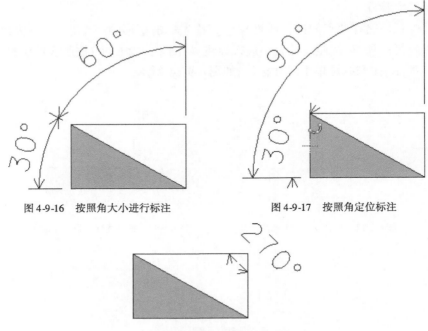

图 4-9-16　按照角大小进行标注　　　　　图 4-9-17　按照角定位标注

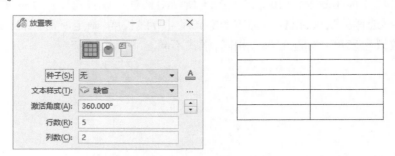

图 4-9-18　按照线间夹角尺寸标注

四、放置表

可使用此命令在文件中放置表格,选择行数为 5,列数为 2,激活角度为 360°,如图 4-9-19所示。

图 4-9-19　放置行数 5,列数 2 的表

五、图案

图案任务栏主要用于图形元素的区域填充及剖面的区域填充。

1. 区域剖面线

(1)元素

选择区域剖面线命令,弹出元素方法区域剖面线对话框,如图4-9-20 所示。

图 4-9-20　区域剖面线元素方法对话框

适用于对封闭图形进行填充，首先在绘图窗口绘制出矩形，选择区域剖面线命令，选择方法为元素，单击矩形，再单击矩形上任意一点即可，如图 4-9-21 所示。

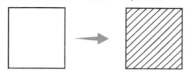

图 4-9-21　对封闭图形剖面

（2）泛填

选择泛填方法，弹出如图 4-9-22 所示对话框。

图 4-9-22　泛填对话框

适用于封闭多边形内包含另一个多边形的情况，首先在绘图窗口的同一平面上绘制矩形和圆形，选择区域剖面线命令，选择方法为泛填，选择 █ 定位内部形状，然后选择圆内任一点，再选择圆周一点即可对圆形进行填充，再单击矩形边任一点可对矩形进行填充，如图 4-9-23 所示（先填充矩形不包含圆形部分，可先单击填充部分一点，再单击圆周任意一点即可）。

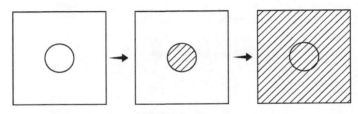

图 4-9-23 对图形泛填

（3）并集

选择并集命令，弹出如图 4-9-24 所示对话框。

图 4-9-24 区域剖面线并集对话框

并集适用于封闭图形的并集做填充，在绘图窗口绘制矩形与圆形相交，选择区域剖面线命令，选择方法为并集，依次单击矩形和圆形，单击鼠标左键结束即可，如图 4-9-25 所示。

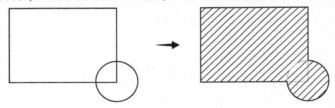

图 4-9-25 对封闭图形的并集做剖面

（4）交集

交集适用于对封闭图形的交集做剖面，操作与并集相同，如图 4-9-26 所示。

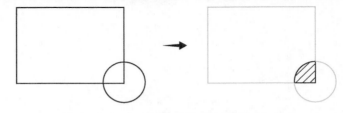

图 4-9-26 对封闭图形的交集做剖面

（5）差集

差集适用于对封闭图形的差集做剖面，首先在绘图窗口绘制矩形和圆形，选择区域剖面线命令，选择方法为差集，依次单击圆形与矩形后，选择要填充保留的部分单击即可，如图 4-9-27所示。

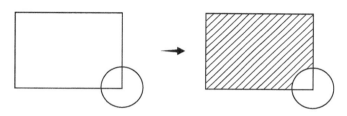

图 4-9-27 对封闭图形的差集做剖面

（6）点

点可以自定义做剖面，选择点弹出对话框，在绘图窗口画出一封闭图形，单击鼠标右键结束即可，如图 4-9-28 所示。

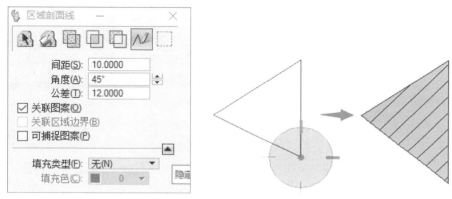

图 4-9-28 区域剖面线定义点填充

2. 区域交叉剖面线

与区域剖面线的操作相同，区别只在于交叉剖面线与剖面线。

第十节 连 接

基本对话栏中的连接工具与连接任务栏中相同，连接任务栏如图 4-10-1 所示。

图 4-10-1 连接任务栏

一、参考

选择参考命令，弹出如图 4-10-2 所示对话框。参考命令可以避免重复工作，如果图形相同，不再需要重新绘图，只需要参考进文件中，避免重复绘图也减少了文件空间。

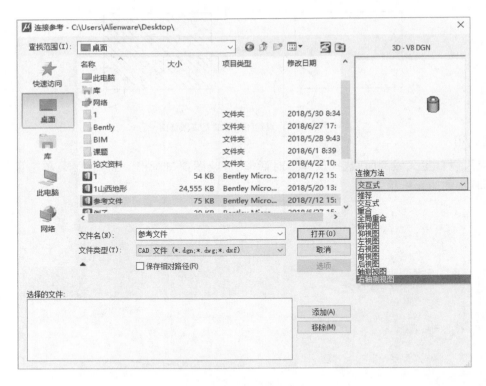

图 4-10-2　连接参考对话框

在参考对话框中选择被参考的文件,除了 DGN、DWG、SkechUp 外,可以参考很多文件类型,甚至可以参考 PDF、图片文件,但是这些文件无法精确控制尺寸。

可以单击添加按钮,一次添加多个文件;保存相对路径选项,便于文件位置移动时参考关系仍然有效。

连接方法可根据需要选择并设置:

推荐:系统根据参考的类型开采用推荐的方法。

一致:被参考对象和主对象保持一致。

视图:参考对象的某个视图放置在主文件的某个面上。

单击打开,出现如图 4-10-3 所示对话框,单击确定即可。参考到文件后,文件不能用之前讲过的移动、复制等命令,只能应用参考里面的移动、复制等命令。

单击参考任务栏右下角的箭头,弹出如图 4-10-4 所示参考对话框。

二、光栅

光栅图也叫作位图、点阵图、像素图,简单地说,就是最小单位由像素构成的图,只有点的信息,缩放时会失真。每个像素有自己的颜色,类似电脑里的图片都是像素图,把它放很大就会看到点变成小色块。操作都与参考相同。

光栅图片不能直接用主任务栏里面的移动、旋转等命令,需要用光栅管理器里面的命令进行操作。

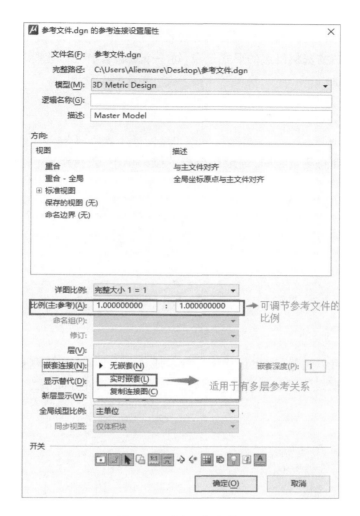

图 4-10-3 参考文件对话框

图 4-10-4 参考对话框

三、点云

点云数据是指扫描资料以点的形式记录,每一个点包含有三维坐标,有些可能含有颜色信息或反射强度信息。

<h2 style="text-align:center">第十一节　分　　析</h2>

尺寸标注的原理与测量相同,测量在分析下拉菜单中,包括距离、角度、半径的测量,如图 4-11-1 所示。

图 4-11-1　测量任务栏

一、测量距离

测量距离命令可以测量任意两点距离,单击任意两点即可,选择测量距离命令,弹出如图 4-11-2 所示对话框。测量距离会显示距离及坐标,且在软件界面下方也会显示其距离,如图 4-11-3 所示。

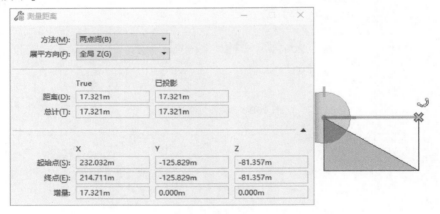

图 4-11-2　测量距离对话框及测量矩形一边

实际距离 = 17.321m,总实际距离

图 4-11-3　界面显示距离

二、测量半径

选择测量半径命令弹出对话框,单击椭圆就会直接出现其半径,如图 4-11-4 所示。

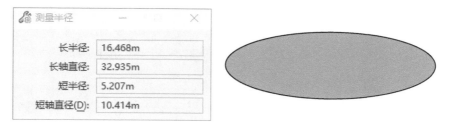

图 4-11-4 测量椭圆半径

三、测量角度

选择测量角度,弹出如图 4-11-5 所示对话框,单击两条直线,就会出现角度,不论是否闭合。

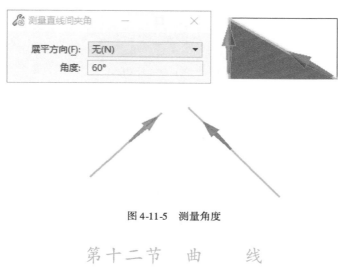

图 4-11-5 测量角度

第 十 二 节 曲 线

曲线命令包括按点的 B 样条、按切线的 B 样条、合成曲线、圆弧内插、圆锥曲线、螺线曲线、螺旋曲线、提取曲线和公式曲线,如图 4-12-1 所示。曲线命令栏,如图 4-12-2 所示。

图 4-12-1 创建曲线任务栏

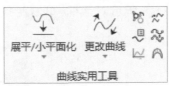

图 4-12-2　创建曲线相关命令

一、创建曲线

1. 按点的 B 样条曲线

B 样条是贝兹曲线的一种一般化,可以进一步推广为非均匀有理 B 样条。选择按点的 B 样条曲线命令,弹出如图 4-12-3 所示对话框。

按点的 B 样条曲线绘制方法有:控制点、通过点、按公差最小二乘法、按极点数最小二乘法。

（1）控制点

按控制点绘制 B 样条曲线就是在两点间会出现一条弧线,先单击绘图窗口再按照需求单击下面的两点,就会看到如图 4-12-4a) 所示弧线,移动鼠标弧线会进行移动,如图 4-12-4b) 所示,如绘制完成单击鼠标右键结束即可。按控制点曲线会相切输入坐标点所构成的控制多边形。

图 4-12-3　按点的 B 样条曲线对话框

图 4-12-4　按控制点方法绘制 B 样条曲线

（2）通过点与按公差最小二乘法

按通过点绘制 B 样条曲线的操作与按控制点绘制 B 样条曲线操作相同。其中采用通过点方法时,通过两点便可绘制一条曲线,且点在曲线上,如图 4-12-5 所示。"按公差最小二乘法"与"通过点"两种方法绘制方法相同,其中"按公差最小二乘法"可以设置公差。

图 4-12-5 按通过点方法绘制 B 样条曲线

（3）按极点数最小二乘法

按极点数最小二乘法绘制 B 样条曲线,单击绘图窗口绘制三点后,移动鼠标显示曲线,绘制完成单击鼠标右键结束即可,如图 4-12-6 所示。

图 4-12-6 按极点数最小二乘法绘制 B 样条曲线

2. 合成曲线

合成由线是由直线、弧和贝塞尔曲线组成的一条连续的线。合成曲线方法有:按圆周放置弧、按圆心放置弧、贝塞尔曲线及线段。一段贝塞尔曲线的绘制方法如下:首先单击绘图窗口,出现虚线像,单击的这一点向外扩张,如图 4-12-7 所示,再单击两点才会出现虚线,移动鼠标至终点位置,单击鼠标左键确定,完成绘制后单击鼠标右键结束命令,如图 4-12-8 所示。

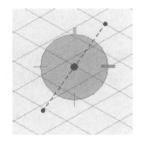
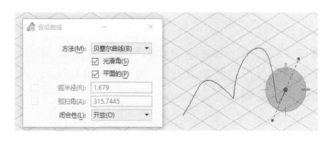

图 4-12-7 合成曲线初始状态　　　　图 4-12-8 讲解贝塞尔曲线的绘制

3. 圆锥曲线

圆锥曲线是通过三点创建圆锥截面抛物线。首先在绘图窗口单击,输入数值确定椭圆或抛物线的短轴,然后移动鼠标确定椭圆的长轴,如图 4-12-9 所示。

图 4-12-9 绘制圆锥曲线

4. 螺旋体

螺旋体是三维 B 样条曲线。在创建螺旋体时先在绘图窗口单击,输入底半径,单击左键;输入螺距,单击左键;输入高度,单击左键;输入顶半径,单击左键即可,如图 4-12-10 所示。也可通过勾选对话框内的顶半径、底半径、高度、螺距来确定螺旋体。

图 4-12-10　绘制螺旋曲线

二、修改曲线

1. 延伸曲线

通过延伸曲线命令可以按照一定比例、线性或弧度延伸曲线,且延伸部分是按照原有方向进行延伸。

2. 过渡曲线

通过过渡曲线命令可在两元素间构造 B 样条曲线。先绘制两条曲线,依照顺序单击两条曲线后单击鼠标左键结束即可,如图 4-12-11 所示。当选择第二条曲线时,捕捉的点不同,过渡曲线也有区别。

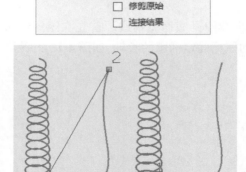

图 4-12-11　绘制过渡曲线

3.曲线图柄条

曲线图柄条命令是通过交互式调整曲线上的点，修改曲线的形状。先绘制一条曲线，单击这条曲线，选择基点，在选择时会出现句柄，句柄随着鼠标移动而移动，选择基点后，会出现句柄样式的三点，拖拽句柄可修改曲线的形状，如图4-12-12所示，完成后单击左键即可。

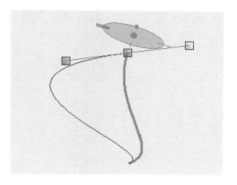

图4-12-12　绘制曲线图柄条

4.分割曲线

绘制一条曲线，选择命令，选择方法，输入分割数，单击曲线，在绘图窗口单击左键结束，曲线被分割成为两部分，如图4-12-13所示。

图4-12-13　分割曲线

5.编辑控制点

编辑控制点命令可以显示、隐藏、更改控制点数，首先绘制一条曲线，单击曲线后显示控制点，可看到这条曲线拥有的控制点数为4，之后我们选择更改控制点命令，把控制点数改为6，单击曲线，会看到曲线控制点数为6，如图4-12-14所示。

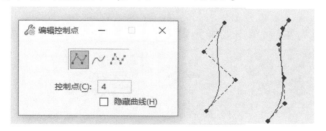

图4-12-14　编辑控制点

三、曲线实用工具

1.小平面化

此命令是将曲线元素转化为线性元素，首先绘制一条曲线，选择小平面化命令，选择曲线，在绘图窗口单击左键即可，此时曲线下出现一条折线，如图4-12-15所示。

2.更改曲线

（1）更改曲线方向

单击曲线中的一点，会出现相应点的方向，因为是曲线，所以每一点的方向都是不同的，如果想要改变方向,则需要单击箭头,方向就会被改变,如图 4-12-16 所示。

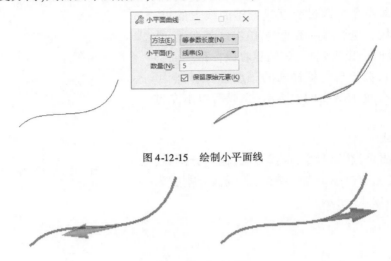

图 4-12-15　绘制小平面线

图 4-12-16　更改曲线方向

（2）闭合

将曲线由开放变为闭合,单击曲线后单击鼠标左键结束即可,如图 4-12-17 所示。

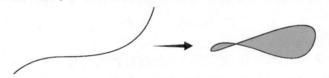

图 4-12-17　将曲线由开放变为闭合

3. 转换为曲线

可以将元素转换为曲线,单击二维元素后单击鼠标左键结束即可,如图 4-12-18 所示。

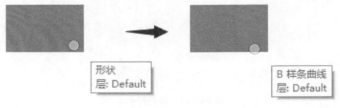

图 4-12-18　将元素转换为曲线

第十三节　约　　束

在 MicroStation 中具有约束功能,约束分为二维约束、三维约束和尺寸标注。约束主要是把两个或多个自由的元素,约束成具有一定空间位置关系的元素。约束关系包括:平行、垂直、重合、相切、固定、同心等。约束命令在绘图工作流下约束菜单中,同时建模工作流也有约束菜单,如图 4-13-1 所示。

图 4-13-1 约束任务栏

一、二维约束

1.平行约束

平行约束命令 ‖平行 ，是在绘图工作流下的约束菜单栏下。二维选项卡中。其可以将两个线性实体约束为相互平行的关系。

例：如图 4-13-2 所示，直线 1、直线 2 约束为平行关系。

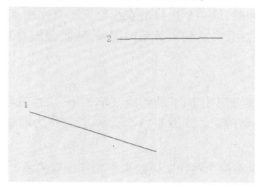

图 4-13-2 平行约束初始状态

选择平行命令，根据提示选择第一条直线段，鼠标单击直线 1，根据提示选择第二条直线段，鼠标单击直线 2，形成如图 4-13-3 所示两条直线。

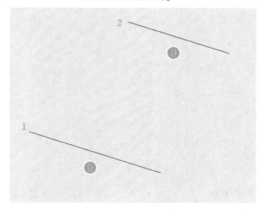

图 4-13-3 直线 1 随直线 2 平行约束后

选择平行命令，根据提示选择第一条直线段，鼠标单击直线 2，根据提示选择第二条直线段，鼠标单击直线 1，形成如图 4-13-4 所示两条直线。

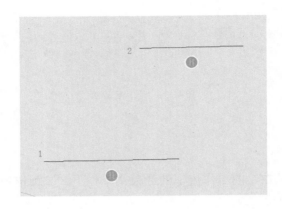

图 4-13-4　直线 2 随直线 1 平行约束后

注意：当使用约束命令时，第一个选择的直线位置不会变动，第二条选择的直线会随着约束关系而改变空间位置。且具有约束关系的两条直线，会随着其中一条线的方向变化而变化，并始终保持平行。

2. 自动约束

自动约束命令 ，在绘图工作流下的约束菜单栏下，二维选项卡中。自动约束命令可以自动对元素添加一组几何约束。如图 4-13-5 所示，长方体为添加自动约束后出现的约束。

3. 垂直约束

垂直约束命令 ，可以将两个线性实体约束为相互垂直关系。

例：如图 4-13-6 所示，三条直线，其中直线 1、直线 2 具有约束关系，直线 3 为任意一条直线，现在让直线 3 与直线 1、2 为垂直约束关系。

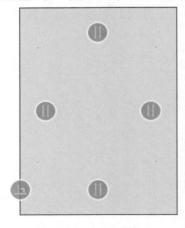

图 4-13-5　自动约束状态

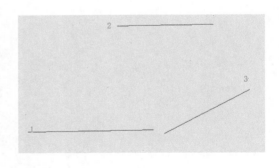

图 4-13-6　垂直约束初始状态

选择垂直约束命令，根据提示选择第一条直线段，鼠标单击直线 3，根据提示选择第二条直线段，鼠标单击直线 1，形成如图 4-13-7 所示两条直线。

选择垂直约束命令，根据提示选择第一条直线段，鼠标单击直线 1，根据提示选择第二条直线段，鼠标单击直线 3，形成如图 4-13-8 所示两条直线。

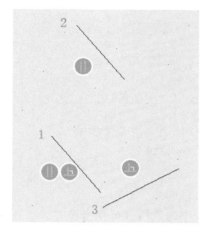

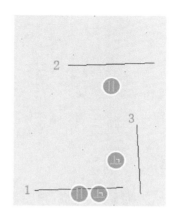

图 4-13-7 直线 1 随直线 3 垂直约束后　　图 4-13-8 直线 3 随直线 1 垂直约束后

二、尺寸标注

约束中的尺寸标注与注释中的尺寸标注是完全不同的。

约束中的尺寸标注是对该元素的尺寸进行约束或参数设置。其尺寸包含长度、距离、角度、面积、周长等，如图 4-13-9 所示。

图 4-13-9 尺寸标注任务栏

例：在空间任意绘制一条直线，如图 4-13-10 所示，当想让其长度为 500 时，便可进行尺寸约束。

选择按元素命令，在弹出的元素尺寸标注约束对话框（图 4-13-11）中，对齐方式选择 True，选择视图中的直线，单击确定，输入 500，即可对该条直线尺寸进行约束，如图 4-13-12 所示。

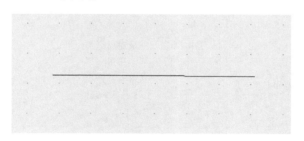

图 4-13-10 例图原始状态

图 4-13-11 元素尺寸约束对话框

其中距离约束、角度约束、面积约束、周长约束的操作使用方法与按元素标注方法相同。

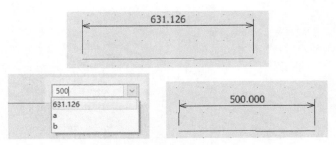

图 4-13-12　对直线尺寸约束

三、变量

变量命令 $\frac{fx}{变量}$，对元素、距离、角度等约束命令中的数值进行变量设置。

首先选择变量命令，在弹出的变量对话框中，选择本地变量，并新建本地变量，如图 4-13-13所示。新建变量 a，创建变量时，可以对变量进行定义，并输入变量值，如图 4-13-14 所示，即可完成变量的设置。

图 4-13-13　变量对话框

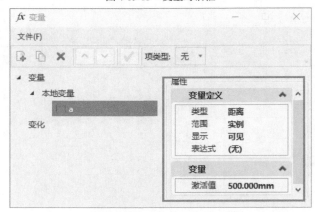

图 4-13-14　定义变量

当创建变量时，其数值可以是表达式。新建变量 b，单击表达式，如图 4-13-15 所示，弹出表达式创建器对话框，便可对变量 b 表达式进行创建，输入表达式，并单击测试，如

图4-13-16所示。当测试结果为"表达式有效",单击确定,如图 4-13-17 所示,便可生变量 b 的表达式,如图 4-13-18 所示。变量 b 会随着变量 a 的变化而变化。

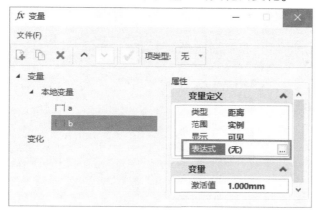

图 4-13-15　定义变量表达式

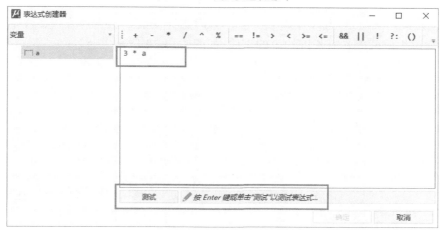

图 4-13-16　表达创建器对话框

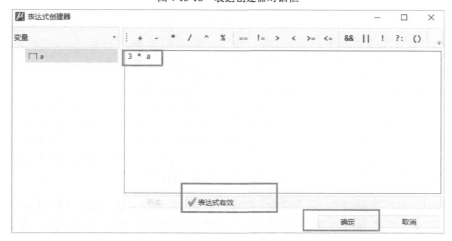

图 4-13-17　定义表达式创建成功

将变量 a、b 的值给定两条直线,如图 4-13-19 所示。

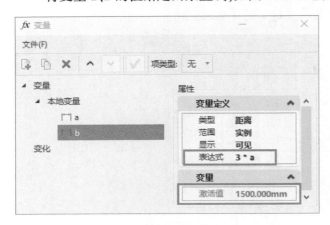

图 4-13-18 确定变量使用表达式

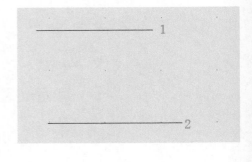

图 4-13-19 直线 1、2 应用变量

将直线 1,给定值为变量 a;将直线 2,给定值为变量 b。

选择按元素约束命令,选择直线 1,并在约束时选择变量 a;再选择直线 2,并在约束时选择变量 b,即可生成两条具有长度约束的直线,如图 4-13-20 所示。

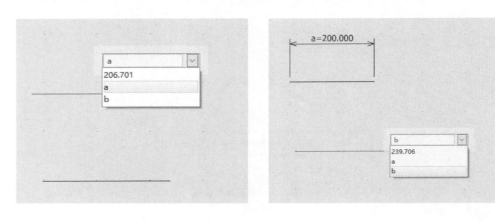

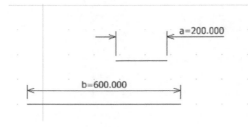

图 4-13-20 直线应用变量过程

新建变化:选择变量命令,单击变化,并单击新建,新建变化 1,描述为数值 100,将变量 a 的数值改为 100,并单击将变量应用到模型,则两条直线的长度会随之改变,如图 4-13-21 所示。

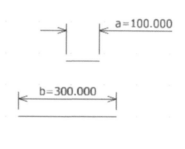

图 4-13-21　新建变化及直线应用变化

第十四节　绘 图 辅 助

绘图辅助任务栏包括精确绘图、捕捉等命令栏,如图 4-14-1 所示。

图 4-14-1　绘图辅助任务栏

一、精确绘图

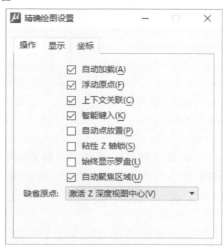

单击精确绘图栏右下角的箭头出现精确绘图设置对话框,在对话框内可以更改精确绘图的操作及显示等,如图 4-14-2 所示。

1. 智能锁

智能锁可以锁定距精确绘图最近的轴,在绘图时锁定某一方向、距离或角度。

在绘图窗口绘制一个圆形,选择智能锁命令,单击圆形会出现如图 4-14-3 所示现象,单击中间的 ✛图形,可对圆形进行移动,单击句柄可对圆形进行拉伸。

图 4-14-2　精确绘图设置对话框

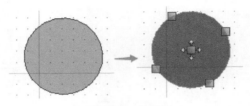

图 4-14-3　拉伸圆

2. 旋转

旋转为旋转精确绘图坐标的位置及方向,可将精确绘图坐标旋转与 ACS 坐标平行。

二、捕捉

单击捕捉命令弹出对话框,如图 4-14-4 所示。缺省捕捉为默认捕捉模式,选择捕捉命令

图 4-14-4　捕捉任务栏

后,移动光标至欲捕捉点的位置(此时会显示捕捉符号),如果捕捉的点无误,按鼠标左键完成。单击捕捉栏右下角的箭头出现精确捕捉设置对话框,在对话框内可以更改精确捕捉的显示及灵敏度,如图 4-14-5 所示。可以通过设置不同的捕捉模式,对不同的关键点进行捕捉。

图 4-14-5　精确捕捉设置

三、ACS

ACS 坐标是绘图辅助坐标系,可以进行旋转移动等操作,在改变 ACS 坐标时,世界坐标系不变。可根据需求来更改 ACS 坐标,以便于在不同的空间面上绘图。

1. 定义 ACS

(1)按元素对齐

此命令可以使 ACS 坐标按元素进行移动及偏移,如图 4-14-6 所示为按圆外边一点定义 ACS 坐标。

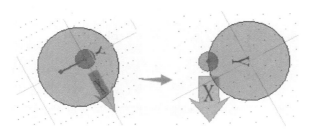

图 4-14-6　按元素定义 ACS 坐标

（2）按点定义

此命令通过三点定义辅助坐标系。首先在绘图窗口绘制一不规则图形，对蓝色面进行定义 ACS 坐标，选择按点定义 ACS 坐标命令，移动 ACS 坐标至蓝色面上一点，然后根据蓝色面的边定义 X 轴和 Y 轴，单击即可，再进行绘制时，ACS 坐标即为新定义的坐标，如图 4-14-7所示。

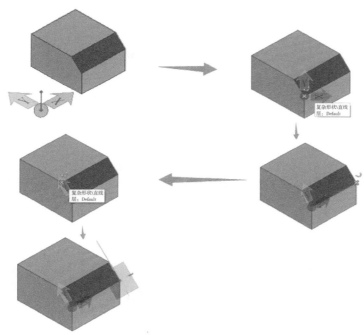

图 4-14-7　按点定义 ACS 过程

（3）按视图定义

此命令通过选定与视图对齐的辅助坐标系定义，单击视图的点即可。

2. 移动 ACS

单击移动 ACS 会看到 ACS 坐标随着鼠标移动，然后单击一点定义 ACS 原点即可。

3. 旋转 ACS

选择旋转 ACS 命令弹出对话框，如图 4-14-8 所示，输

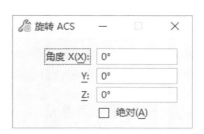

图 4-14-8　旋转 ACS 对话框

入角度旋转 ACS 坐标。

单击 ACS 右下角箭头出现 ACS 对话框,如图 4-14-9 所示。

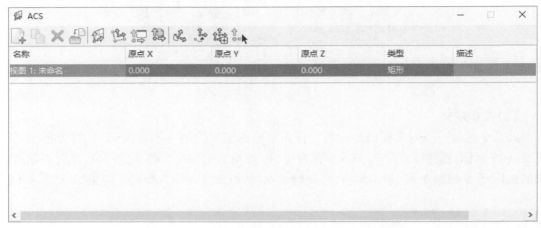

图 4-14-9 ACS 对话框

在对话框内可新建 ACS 坐标或者更改原有 ACS 坐标的位置。

新建 ACS:单击新建 ACS 命令,命名自己的 ACS 坐标,输入 X、Y、Z 坐标值即可。

更改现有 ACS 坐标:选择原有 ACS 坐标,单击 X、Y、Z 坐标值即可更改。

第十五节 单 元

作为共享单元,在当前文件中存储 CONNECT Edition 的定义,可以大幅度减少文件大小。

在主页菜单栏的放置中有单元任务栏,单元有放置激活单元、替换单元等命令,如图 4-15-1 所示。

在内容一栏中也有单元这一命令,如图 4-15-2 所示。单击命令栏右下角的 图案,会出现单元对话框。击右下角的箭头会出现所属对话框。

图 4-15-1 单元任务栏   图 4-15-2 单元命令栏

一、放置激活单元

选择放置激活单元命令,弹出如图 4-15-3 所示对话框。

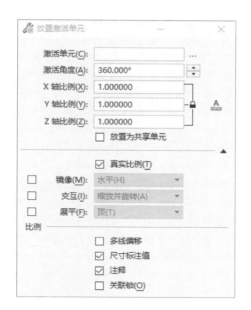

图 4-15-3 放置激活单元对话框

打开 🔒 锁,才能调节比例。

真实比例:如果单元创建时的单位与现行文件图文单位不同,可将此参数打开,系统会自动将单元图形进行缩放,以符合现有文件的单位。

交互:如果勾选,此比例和旋转角度由资料坐标点定义。

展平:如果勾选,将 3D 单元以平面图(所选的投影方向)来显示。

单击 *** 打开单元库对话框,如图 4-15-4 所示,由此选择单元模型。

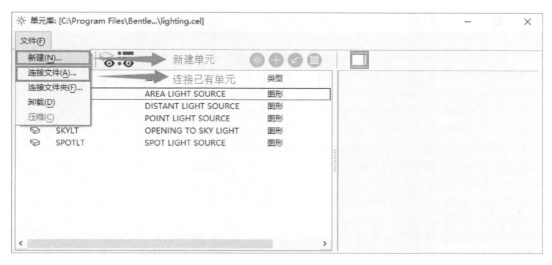

图 4-15-4 单元库对话框

1. 连接文件

单击连接文件,出现如图 4-15-5 所示对话框。单击选择文件,出现如图 4-15-6 所示对话

框,单击排水文件,出现排水模型的四视图。双击排水文件就可在绘图窗口看到排水模型,
鼠标左键单击绘图窗口任意点就可进行放置。

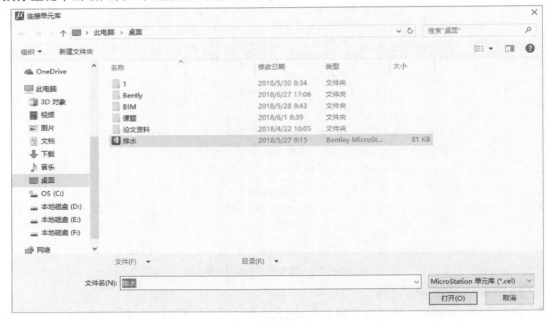

图 4-15-5　连接单元库对话框

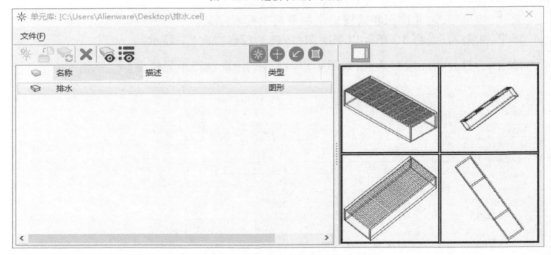

图 4-15-6　单元库内排水模型

2. 新建单元

　　单击新建弹出创建单元库对话框,如图 4-15-7 所示。命名单元库为单元库 1,可看到单元库对话框显示单元库名称,如图 4-15-8 所示。首先在绘图窗口绘制一个矩形,利用定义单元原点命令,定义矩形放置的基准点,选择定义单元原点命令,在顶视图中定义矩形的一点,如图 4-15-9 所示。再单击选择命令,选择矩形,新建单元 ❋ 命令会被点亮,单击新建单元弹出创建单元对话框,命名单元并且添加描述,如图 4-15-10 所示。单击创建,可看到单元库

内有新建的单元矩形 1，如图 4-15-11 所示，并且四视图为标准四视图，与图 4-15-6 有差别（图 4-15-6 中排水模型没有在顶视图中定义单元原点）。放置方法与连接文件相同。

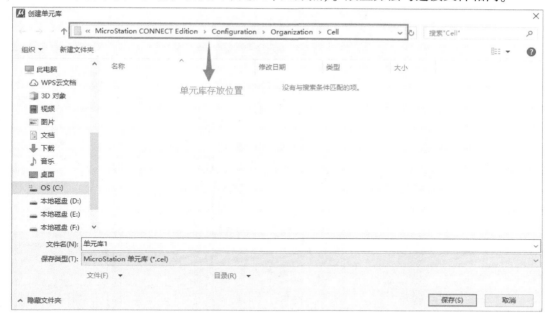

图 4-15-7　创建单元库对话框

图 4-15-8　单元库对话框

图 4-15-9　矩形定义单元原点过程

图 4-15-10　创建单元对话框

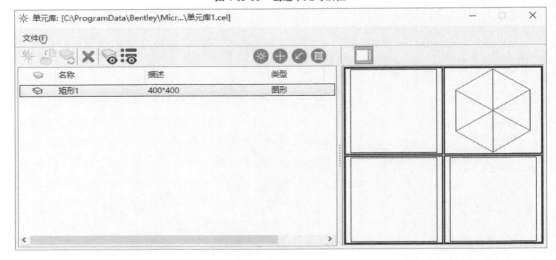

图 4-15-11　单元矩形 1

二、替换单元

选择替换单元命令,弹出如图 4-15-12 所示对话框,替换单元命令可对已放置的单元进行改动。

图 4-15-12　替换单元对话框

方法:

(1)更新:以目前工作单元库内单元来取代所选之单元。

(2)替代:指定某个单元来取代所选之单元。

模式:

(1)单个:取代单一单元。

(2)全局:取代所有相同名称之单元。

使用激活单元:如果勾选,以目前使用的现行单元来取代。

替换用户属性:如果勾选,属性被更改。

首先在绘图窗口放置 3 个矩形单元,选择创建一个新圆柱单元,选择替换单元命令,选择方法为替换,模式为全局,选择激活单元为新圆柱单元,如图 4-15-13 所示。单击矩形单元,单击鼠标左键确定,弹出如图 4-15-14 所示对话框。单击是,绘图窗口内的矩形单元全部替换为圆柱单元,如图 4-15-15 所示。

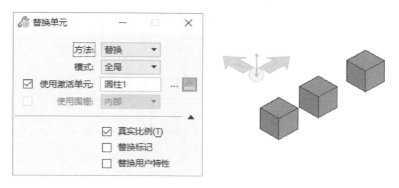

图 4-15-13　矩形单元全局替换

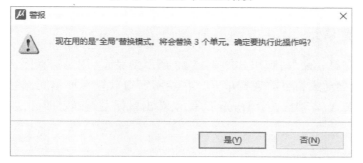

图 4-15-14　全局替换操作对话框

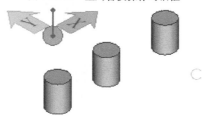

图 4-15-15　全局替换为圆柱单元

三、放置激活单元矩列

选择放置激活单元矩阵命令,弹出如图 4-15-16 所示对话框。

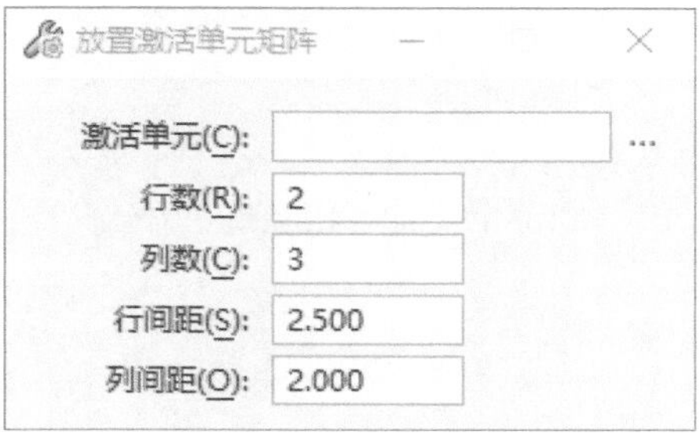

图 4-15-16　放置激活单元矩阵对话框

用以放置数组单元,如图 4-15-17 所示。

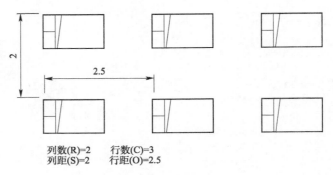

列数(R)=2　行数(C)=3
列距(S)=2　行距(O)=2.5

图 4-15-17　放置单元矩阵

定义单元原点：在建立新单元时定义单元原点，建议操作时在顶视图定义原点。

四、放置已有单元

选择放置已有单元命令，弹出如图 4-15-18 所示对话框，用以选择图文文件内单元并放置，被选取的单元自动成为目前现行单元。在绘图窗口放置矩形单元，选择放置已有命令，输入激活角度及 X、Y、Z 轴比例，单击矩形单元，单击鼠标左键确定即可，如图 4-15-18 所示。

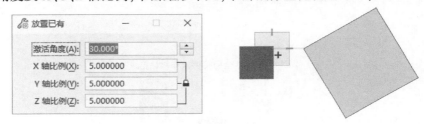

图 4-15-18　放置已有单元对话框

五、其他

标识单元：用以查询已绘制的单元图层及名称（相关资料会显示在状态栏上）。

放置激活线端符：用以将线端单元放置于直线、线串或弧上，放置激活线端符对话框如图 4-15-19 所示。

图 4-15-19　放置激活线端符对话框

第五章 建 模

三维图形创建应使用建模工作流,三维图形的绘制分为基本图元和创建实体两部分。基本图元包括体块、圆柱、球体等规则实体,创建实体包括拉伸、旋转、增厚等命令。基本图元一般用于创建简单且规则实体,创建实体用于创建不规则实体。当基本图元和创建实体命令都无法达到想要的效果,可对已创建的三维实体进行编辑及修改。建模工作流实体菜单栏如图 5-0-1 所示。

图 5-0-1 建模工作流实体菜单栏

第一节 基本图元的创建

规则实体创建一般包括体块、台体、球体、圆柱体等基本图元,基元选项卡如图 5-1-1 所示。

图 5-1-1 基元选项卡

一、体块

创建规则实体可放置具有矩形截面的拉伸构造实体,如长方体、正方体,选择体块 命令,通常情况下轴选择为点(精确绘图),体块的长、宽、高尺寸可以在弹出对话框中输入,也可在绘图时直接输入 X、Y、Z 值。

例 5-1-1 绘制某大桥项目 3 号承台,长、宽、高分别为 17500m、10000mm、3500mm。

绘图步骤:选择体块命令,在弹出的体块实体对话框中轴选择点(精确绘图)并分别勾选正交、长度、宽度、高度并输入值"17500""10000""3500",如图 5-1-2 所示。在绘图窗口,单击鼠标左键确定"起始点"位置,单击鼠标依次定义长方体的长度、宽度、高度即可完成长方体承台绘制,如图 5-1-3 所示。在绘制时可以观察状态栏的提示:输入起始点、确定长度、确定宽度、确定高度。

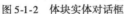

图 5-1-2　体块实体对话框

图 5-1-3　承台模型

二、圆柱体

绘制圆柱体应选择圆柱体命令 ，绘制圆柱体时轴一般选择为点(精确绘图)，可通过设置半径和高度绘制圆柱体。

例 5-1-2　绘制某大桥 4 号墩钻孔桩，桩长 23000mm，桩径 1500mm。

绘图步骤：选择圆柱体命令，在弹出的圆柱体对话框中轴选择点(精确绘图)并输入半径值为 750、高度值为 23000，如图 5-1-4 所示，即可在绘图窗口绘制出钻孔桩，模型如图 5-1-5 所示。

图 5-1-4　圆柱实体对话框

图 5-1-5　钻孔桩模型

三、球体

绘制球体应选择球体命令 球体，绘制球体的方法为：中心、圆周和直径，可以输入球体的半径或直径来设置球体大小。

例 5-1-3　绘制一个半径为 500mm 的球体。

绘图步骤：选择球体命令，在弹出的球体实体对话框中方法选择中心并选择半径输入值为 250，如图 5-1-6 所示，即可在绘图窗口绘制出如图 5-1-7 所示球体。

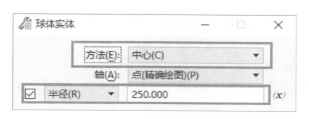

图 5-1-6　球体实体对话框　　　　　图 5-1-7　球体模型

四、椭圆体

绘制椭圆体应选择椭圆体命令 ◯ 椭圆体,绘制时轴一般选择点(精确绘图),输入长轴半径、短轴半径和三级半径值,即可在绘图窗口绘制椭圆体。

例 5-1-4　绘制橄榄球,长轴半径、短轴半径和三级半径分别为 800mm、500mm 和 500mm。

绘制步骤:选择椭圆体命令,在弹出的椭圆体对话框中轴选择点(精确绘图)并输入长轴半径值为 800、短轴半径值为 500 和三级长轴半径值为 500,如图 5-1-8 所示,即可在绘图窗口绘制出橄榄球,如图 5-1-9 所示。

图 5-1-8　椭圆体对话框　　　　　图 5-1-9　椭圆体模型

五、圆锥

绘制圆锥体、圆台体应选择圆锥命令 ◯ 圆锥,绘制时轴一般选择点(精确绘图),设置圆锥体的顶半径、底半径和高度即可绘制出圆台体,绘制圆锥体时顶半径值应为 0。

例 5-1-5　绘制某大桥桥墩钻孔桩扩底部分,顶半径 750mm,底半径 1250mm,高度 3000mm。

绘图步骤:选择圆锥体命令,在弹出的圆锥实体对话框中轴选择点(精确绘图)并输入顶半径值为 750、底半径值为 1250 和高度值为 3000,如图 5-1-10 所示,即可在绘图窗口绘制出钻孔桩扩底部分,如图 5-1-11 所示。

图 5-1-10　圆锥实体对话框　　　　图 5-1-11　钻孔桩扩底部分模型

六、椭圆椎体

绘制椭圆台体、椭圆锥体应选择椭圆锥体命令 椭圆锥体,绘制时轴一般选择为点(精确绘图),输入底长轴半径、底短轴半径、高度、顶长轴半径和顶短轴半径的值,即可绘制出椭圆椎体。

例 5-1-6 绘制某椭圆椎体,其底长轴半径、底短轴半径、高度、顶长轴半径和顶短轴半径的值分别为 800mm、500mm、1000mm、500mm 和 200mm。

绘图步骤:选择椭圆锥体命令,在弹出的椭圆锥体实体对话框中轴选择点(精确绘图)并输入底长轴半径值为 800、底短轴半径值为 500、高度值为 1000、顶长轴半径值为 500 和顶短轴半径值为 200,如图 5-1-12 所示,即可在绘图窗口绘制出椭圆椎体,如图 5-1-13 所示。

图 5-1-12 椭圆椎体对话框

图 5-1-13 椭圆椎体模型

七、圆环体

绘制圆环体应选择圆环体命令 圆环,绘制时轴一般选择为点(精确绘图),输入长半径、短半径和角度,即可在绘图窗口绘制圆环体。

例 5-1-7 绘制某大桥施工时,钢便桥周围的救生圈,其长半径和短半径分别为 400mm 和 100mm。

绘制步骤:选择圆环体命令,在弹出的圆环实体对话框中轴选择点(精确绘图)并输入长半径值为 800、短半径值为 500 和角度值为 360,如图 5-1-14 所示,即可在绘图窗口绘制出救生圈,如图 5-1-15 所示。

图 5-1-14 圆环实体对话框

图 5-1-15 救生圈模型

八、线性实体

线性实体命令 线性实体是使用线串创建实体,多用于绘制线性的板或墙等实体。

例5-1-8　绘制某大桥项目临建场地草地边缘的隔离带。

绘图步骤：选择线性实体命令，放置选择中心，设置宽度值200和高度值200，如图5-1-16所示，即可完成线性实体的绘制，如图5-1-17所示。

图5-1-16　线性实体对话框　　　　　图5-1-17　线性实体模型

第二节　复杂实体创建

当规则实体命令不能满足绘图需要时，就可以用其他命令创建复杂实体。创建实体命令在建模工作流下的实体菜单栏中，如图5-2-1所示。

一、拉伸创建实体

拉伸构造命令 ，通过线性拉伸构造轮廓元素创建实体，此轮廓为任意闭合图形或实体的非曲面。

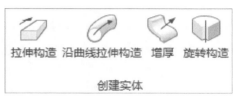

图5-2-1　创建实体选项卡

选择拉伸构造命令，在弹出拉伸构造实体对话框中勾选距离并输入距离值，即可在绘图窗口中绘制拉伸实体。

例5-2-1　绘制某大桥墩身砌块K1型号，其高度1480mm，大样图如图5-2-2所示。

绘图步骤：选择拉伸构造实体命令，在弹出拉伸构造实体对话框中勾选距离并输入距离值1480，如图5-2-3所示，在绘图窗口观察状态栏提示：选择轮廓，面，如图5-2-4所示，定义距离，即可生成K1型砌块，如图5-2-5所示。

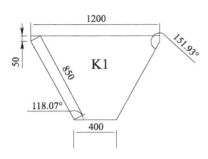

图5-2-2　K1砌块大样图　　　　　图5-2-3　拉伸构造实体对话框

图 5-2-4　K1 砌块拉伸轮廓　　　　图 5-2-5　K1 砌块模型

二、沿曲线拉伸构造

　　沿曲线拉伸构造实体命令  是通过绕轴旋转构造轮廓来创建实体。

　　自定义轮廓：选择沿路径拉伸构造实体命令，弹出如图 5-2-6 所示对话框，在自定义轮廓拉伸实体时，应绘制路径和被拉伸的轮廓，如图 5-2-7 所示，选择沿曲线拉伸构造实体命令，对齐方式选择普通，根据状态栏提示进行操作，过程如图 5-2-8、图 5-2-9 所示，即可完成绘制，如图 5-2-10 所示。

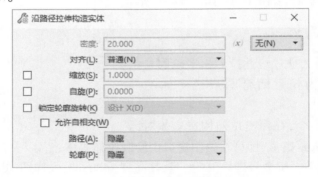

图 5-2-6　沿曲线拉伸构造实体对话框

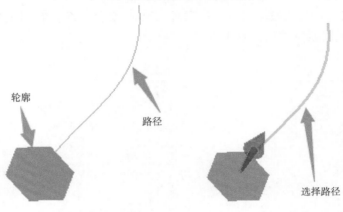

图 5-2-7　拉伸轮廓及路径　　　　图 5-2-8　选择路径

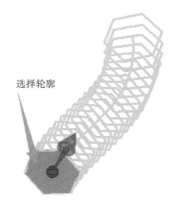

选择轮廓

图 5-2-9　选择轮廓　　　　　　　图 5-2-10　沿曲线拉伸的模型

　　圆形轮廓:绘制"管"类实体,可激活密度输入密度值50并选择内部,如图5-2-11所示,选择"路径"即可绘制出圆管,如图5-2-12所示。

　　注意:当选择内部时,圆形轮廓的直径为圆管的外直径,密度值为管壁厚;当选择外部时,圆形轮廓的直径为圆管的内直径,密度值为管壁厚。

图 5-2-11　激活密度

图 5-2-12　圆管模型

三、增厚

　　增厚命令 ,通过增厚现有曲面创建实体。

　　创建曲面,如图5-2-13所示,选择增厚命令输入厚度值,如图5-2-14所示,即可创建加厚曲面实体,如图5-2-15所示,方向可以选择向前、向后或两者。

图 5-2-13　曲面　　　　　图 5-2-14　加厚面创建实体对话框　　　　　图 5-2-15　加厚面实体模型

四、旋转构造实体

旋转构造实体命令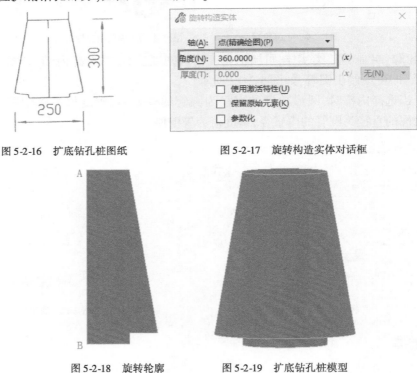，是通过绕轴旋转构造轮廓来创建实体，此轮廓可为任意闭合图形，旋转轴可以为图上任意边，也可以为空间上某一直线。

例 5-2-2 绘制某大桥扩底钻孔桩部位，如图 5-2-16 所示。

绘图步骤：选择旋转构造实体命令，在弹出的旋转构造实体对话框中轴选择点（精确绘图）并输入角度值 360，如图 5-2-17 所示，旋转轮廓面，并选择旋转轴 AB，如图 5-2-18 所示，即生成钻孔桩扩底钻孔部分，如图 5-2-19 所示。

图 5-2-16　扩底钻孔桩图纸　　　　　图 5-2-17　旋转构造实体对话框

图 5-2-18　旋转轮廓　　　　图 5-2-19　扩底钻孔桩模型

第三节　添加特征

对于十分复杂的实体可用特征命令栏中的命令对已创建的实体进行修改，从而得到复杂实体。实体菜单栏包含特征选项卡、修改特征选项卡和实体使用工具选项卡，通过使用选项卡中的命令即可达到理想效果。特征选项卡如图 5-3-1 所示。

图 5-3-1　特征选项卡

一、剪切

剪切命令 ，可以利用直线、曲线或轮廓对实体进行剪切或分割。剪切方向和剪切模式不同，剪切后的效果不相同，剪切方向包括内部轮廓、外部轮廓和分割实体，如图 5-3-2 所示；剪切方向包括双向、向前和向后，如图 5-3-3 所示；剪切模式包括通孔和定义深度，如图 5-3-4 所示；轮廓可以选择隐藏、显示或复制和隐藏，如图 5-3-5 所示。

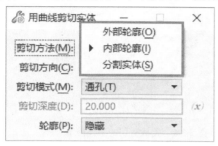

图 5-3-2　剪切方法

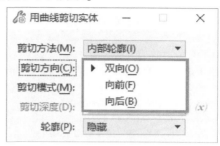

图 5-3-3　剪切方向

图 5-3-4　剪切模式

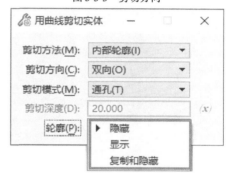

图 5-3-5　轮廓选择

1.双向通孔

选择剪切命令，剪切方法选择内部轮廓，剪切方向选择双向，剪切模式选择通孔，轮廓选择隐藏，如图 5-3-6 所示；根据状态栏提示：选择要剪切的实体或曲面，如图 5-3-7 所示；选择剪切轮廓线，如图 5-3-8 所示；按 Ctrl 键可添加多条轮廓线，单击左键即可生成剪切后的实体，如图 5-3-9 所示。

图 5-3-6　双向通孔剪切

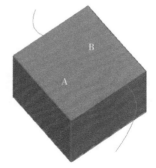

图 5-3-7　选择剪切实体

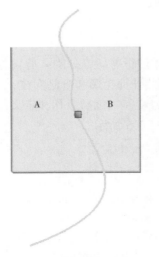

图 5-3-8   选择剪切轮廓线   图 5-3-9   完成剪切的实体模型

2. 分割实体

当剪切方法选择分割实体时, 如图 5-3-10 所示, 会将实体分割成 A、B 两部分, 如图 5-3-11 所示。

图 5-3-10   分割实体   图 5-3-11   分割后实体模型

3. 双向定义深度

选择按曲线剪切实体命令, 剪切方法选择内部轮廓, 剪切方向选择双向, 剪切模式选择定义深度, 输入剪切深度值, 如图 5-3-12 所示, 选择第一个实体 A, 如图 5-3-13 所示, 选择剪切轮廓线 B 面, 如图 5-3-14 所示, 即可生成剪切后的实体, 如图 5-3-15 所示。

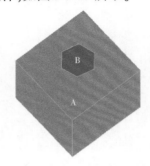

图 5-3-12   双向定义深度剪切   图 5-3-13   选择实体 A

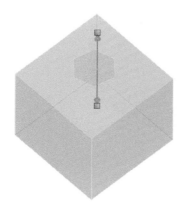
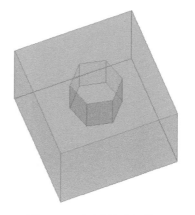

图 5-3-14 选择剪切轮廓线 B　　　　图 5-3-15 定义深度剪切模型

二、圆角

圆角命令 ，可对实体的一个或多个边创建圆角（过渡）。

例 5-3-1　绘制某大桥的主桥墩帽，如图 5-3-16 所示。

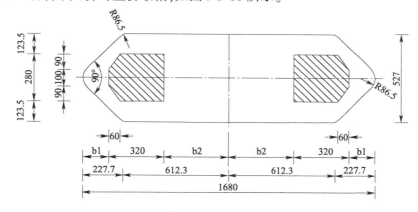

图 5-3-16 主桥墩帽

绘图步骤：选用圆角命令，对已绘制的如图 5-3-17 所示模型进行编辑，输入半径值86.5，如图 5-3-18 所示，选择实体，选择需要倒圆角的边，即可绘制出桥墩，如图 2-3-19 所示。

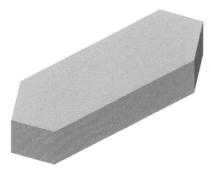

图 5-3-17 墩帽初步模型　　　　图 5-3-18 边圆角设置

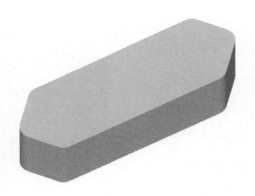

图 5-3-19　墩帽模型

三、倒角

倒角命令 ，对实体的一个边或多个边创建倒角。创建倒角的方法有：倒角长度、距离、距离和角度、等距等，最常用的方法为距离法。输入实体两个边界的垂直距离即可。

例 5-3-2　绘制某大桥的主桥 4 号承台，如图 5-3-20 所示。

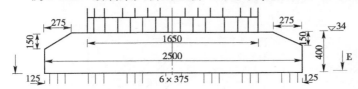
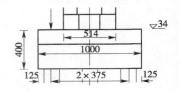

图 5-3-20　主桥 4 号承台

绘图步骤：选用倒角命令，对已绘制的如图 5-3-21 所示模型进行编辑，输入距离 1 值 275，距离 2 值 150，如图 5-3-22 所示，选择实体，选择需要倒角的边，即可绘制出桥墩，如图 5-3-23 所示。如勾选翻转倒角，则倒角时距离 1 与距离 2 的数值是相反的。

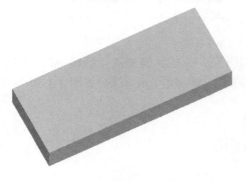
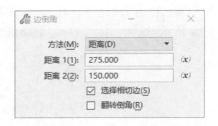

图 5-3-21　承台初步模型　　　　　　图 5-3-22　边倒角设置

四、孔

孔命令 ，在实体中放置孔，放置孔的类型有简单孔、扩孔和埋头孔。打孔的方法为通孔、盲孔和下一面。根据不同孔的要求，设置不同孔的参数，即可对实体进行打孔。

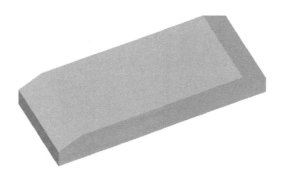

图 5-3-23　承台模型

1.简单通孔

　　选择孔命令,孔类型选择简单,打孔选择通孔,方向选择面法向,直径设置 20,如图 5-3-24 所示,即可在实体上进行打孔,如图 5-3-25 所示。

图 5-3-24　简单孔参数设置　　　　图 5-3-25　放置完成单孔

2.扩孔

　　选择孔命令,孔类型选择扩孔,打孔选择通孔,方向选择面法向,直径设置 20,柱形沉头孔终点,选择双向,柱头沉头孔直径设置 40,柱头沉头孔深度设置 20,如图 5-3-26 所示,即可在实体上进行打孔,如图 5-3-27 所示。

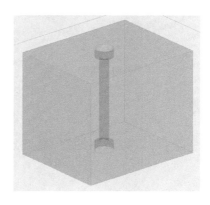

图 5-3-26　扩孔参数设置　　　　图 5-3-27　放置完成扩孔

3. 埋头孔

选择孔命令,孔类型选择埋头孔,打孔选择通孔,方向选择面法向,直径设置 20,锥形沉头孔终点,选择双向,锥头沉头孔直径设置 40,锥头沉头孔深度设置 20,如图 5-3-28 所示,即可在实体上进行打孔,如图 5-3-29 所示。

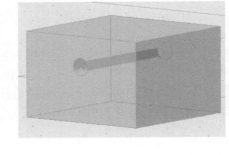

图 5-3-28　埋头空参数设置　　　　　图 5-3-29　放置完成埋头孔

五、凸出

凸出命令,在实体上创建凸台。在创建凸台的实体空间位置绘制相应轮廓,绘制轮廓必须垂直投影在实体上,如图 5-3-30 所示,才可以创建凸台,模型如图 5-3-31 所示。

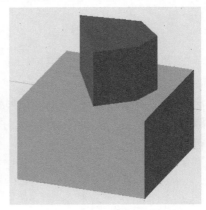

图 5-3-30　凸台轮廓　　　　　　　图 5-3-31　凸台模型

六、壳体

壳体命令,可以将实体抽空,形成具有定义厚度壳体或将实体面增加定义厚度的壳体。

1. 抽壳

选择壳体命令,输入壳体厚度值,如图 5-3-32 所示;标识实体,选择要打开的面 A、B、C

面,如图 5-3-33 所示;按住 CTRL 可以添加多个要打开的面,单击鼠标左键接受,即可生成抽壳后实体,如图 5-3-34 所示。

图 5-3-32 实体抽壳对话框

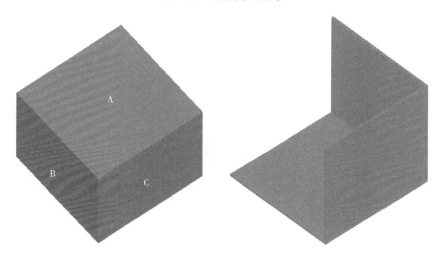

图 5-3-33 被抽壳实体   图 5-3-34 完成抽壳模型

2. 外增薄壳

当勾选外增薄壳命令时,会在实体外增加一层外壳。

七、压印

压印命令 ,为在实体上绘制几何图形,可以在实体上绘制线串、圆形、矩形,也可以将现有元素压印到曲面上。

在使用压印曲线工具时,应具备实体和想要压印的元素,如图 5-3-35 所示。选择压印工具,选择在实体上压印元素,如图 5-3-36 所示。即可在实体上压印元素,如图 5-3-37 所示。

图 5-3-35 在实体上压印元素对话框

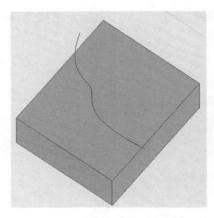
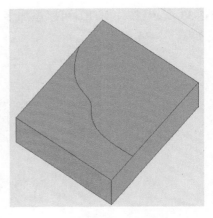

图 5-3-36　压印的实体和压抑元素　　　　　　图 5-3-37　压印完成模型

八、自旋面

自旋面命令，为实体上的某一个面可以令其沿 X、Y、Z 某一轴线旋转形成实体的命令。

选择自旋面命令，旋转轴选择设计 X 轴，角度输入 90°，如图 5-3-38 所示。即可将如图 5-3-39 所示的 A 面绘制出旋转面实体。

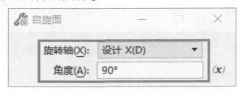

图 5-3-38　自旋面对话框

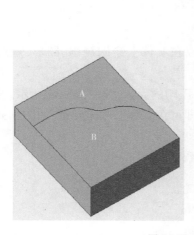
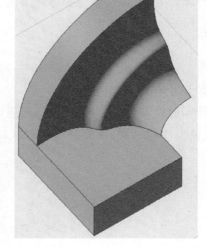

图 5-3-39　模型自旋过程

第四节　修改特征

创建实体时每一个实体都具有一定的特征,当在创建实体时添加了某些特定的特征后,也可对该创建的特征进行编辑和修改。修改特征命令在建模工作流下的实体菜单栏中的修改特征选项卡中,如图5-4-1所示。

图5-4-1　修改特征选项卡

一、编辑特征

编辑特征命令 ,可以编辑参数化实体和曲面的某些参数,同时也可以编辑实体上特征的参数。

选择编辑特征命令,选择某一实体,选择实体上的A面,如图5-4-2所示,即可对A面的参数进行编辑。可编辑的参数有颜色、透明度,材质等,如图5-4-3所示。

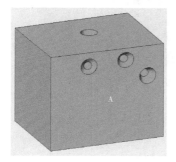

图5-4-2　实体A面

图5-4-3　编辑偏移面特征

当选择如图5-4-2所示实体上的某一埋头孔特征时,则可对孔的参数进行修改,如图5-4-4所示。

图5-4-4　编辑孔特征

二、修改实体

图 5-4-5　修改面

修改实体命令 ，可以对已创建的实体上任意一点、边或面进行修改，该命令改变的是点、线和面的位置。

1. 面

选择修改实体命令，并选择面，如图 5-4-5 所示，对实体的 C 面进行修改，如图 5-4-6 所示，选择该实体，并选择目标面 C 面，定义距离，即可生成修改后实体，如图 5-4-7 所示。

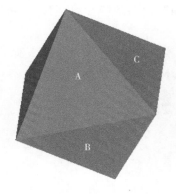

图 5-4-6　修改实体 C 面

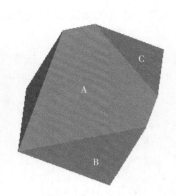

图 5-4-7　完成修改面实体

2. 边

选择修改实体命令，并选择边，如图 5-4-8 所示，对实体的 AB 边进行修改，如图 5-4-9 所示。选择该实体，并选择目标边 AB 边，定义距离，即可生成修改后实体，如图 5-4-10 所示。

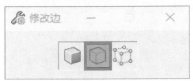

图 5-4-8　修改边

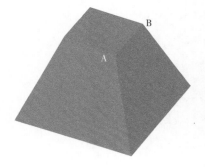

图 5-4-9　修改实体 AB 边

图 5-4-10　完成修改边实体

3. 点

选择修改实体命令,并选择顶点,如图 5-4-11 所示。对实体的 A 点进行修改,如图 5-4-12 所示。选择该实体,并选择目标顶点 A 点,定义距离,即可生成修改后实体,如图 5-4-13 所示。

图 5-4-11　修改顶点

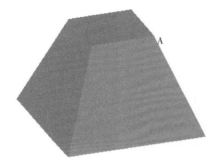

图 5-4-12　修改实体顶点 A

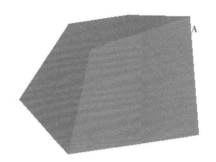

图 5-4-13　完成修改顶点实体

三、删除

删除命令 ，可以删除实体上的任意面,同时也可以简化实体。

选择删除命令,对实体的 C 面进行删除,如图 5-4-14 所示。选择该实体,并选择目标面 C 面,单击鼠标左键接受,即可生成修改后实体,如图 5-4-15 所示。

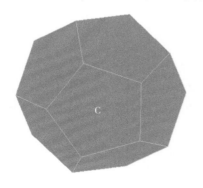

图 5-4-14　删除实体 C 面

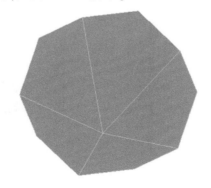

图 5-4-15　删除 C 面后实体

四、相并

相并命令 ，可以将两个或多个相交的实体,合并为一个实体。

选择相并命令,单击如图 5-4-16 所示的实体 A 和实体 B,即可将两个实体合并成一个实体。

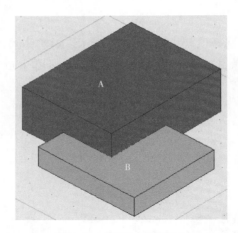

图 5-4-16　实体 A 和实体 B

五、减

减命令 减，将一个或多个重叠实体的体积从另一个实体中减去。

选择减命令，对如图 5-4-16 所示的 A、B 两个实体进行相减，当选择 A 后选择 B，相减得出如图 5-4-17 所示实体 a，当选择 B 后选择 A，相减得出如图 5-4-18 所示实体 b。

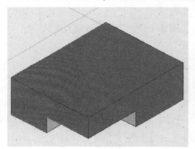

图 5-4-17　实体 a

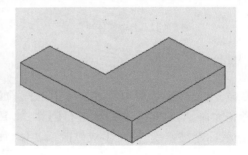

图 5-4-18　实体 b

六、相交

相交命令 相交，可以得到两个或多个实体交集部分。

选择相交命令，选择如图 5-4-16 所示的两个实体，即可得到相交部分实体 ab，如图 5-4-19 所示。

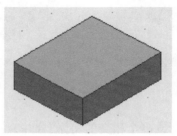

图 5-4-19　实体 ab

第五节　其他工具

在创建实体时,为了绘图方便以及达到理想效果还会用到很多命令,常用命令为提取面或边界、放样曲面以及转换实体命令。

一、提取面或边界

提取面或边命令 ,可以提取出实体的某一个面或边线。

选择提取面或边命令,选择提取面,勾选层颜色,如图 5-5-1 所示,提取实体的 A 面,如图 5-5-2 所示,在绘图窗口选择提取的 A 面,如图 5-5-3 所示,单击鼠标左键接受即可提取 A 面,如图 5-5-4 所示。

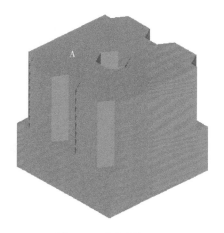

图 5-5-1　提取面

图 5-5-2　提取实体 A 面

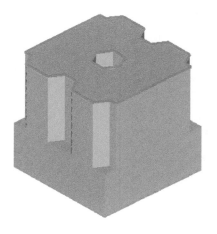

图 5-5-3　选择实体 A 面

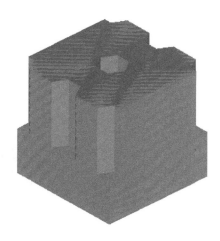

图 5-5-4　完成提起 A 面

二、放样曲面

放样曲面命令 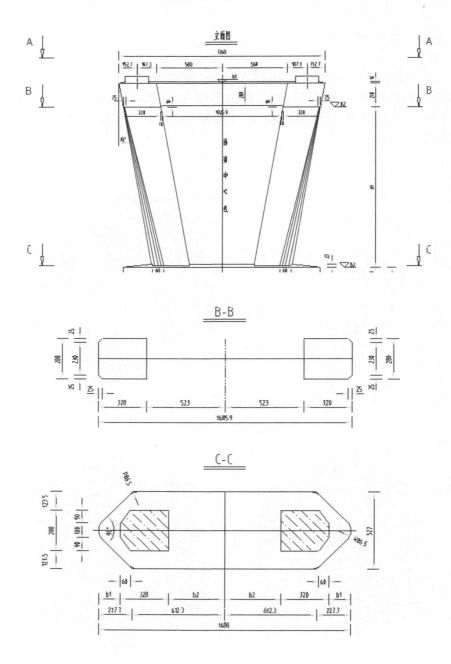，是在绘制实体时，创建在两个界面元素之间转换的曲面。

例 5-5-1 绘制某大桥 4 号墩墩柱，如图 5-5-5 所示。

图 5-5-5 某大桥 4 号墩墩柱

绘图步骤:首先在相对空间位置绘制出墩柱顶面与底面,如图 5-5-6 所示。选择放样曲面命令,在弹出的放样曲面对话框中选择按截面放样命令,如图 5-5-7 所示,在绘图窗口选择轮廓,并选择箭头方向,如图 5-5-8 所示,当箭头方向不一致时,单击箭头即可调整方向。接受即可完成曲面的绘制,如图 5-5-9 所示。

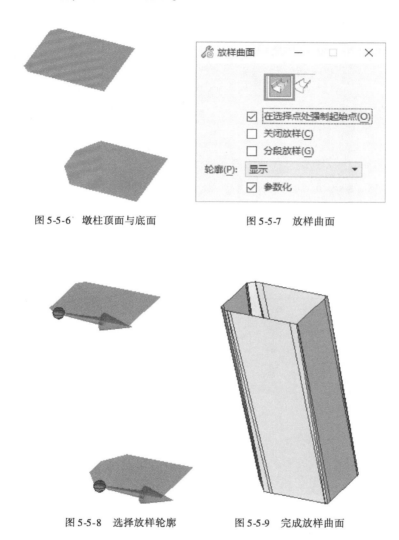

图 5-5-6 墩柱顶面与底面   图 5-5-7 放样曲面

图 5-5-8 选择放样轮廓   图 5-5-9 完成放样曲面

三、转换为实体

转换实体命令可以将曲面转换为智能实体。

例 5-5-2 将上一例题绘制的曲面转换成实体。

绘图步骤:选择转换实体命令,在弹出转换实体对话框中转化为选择智能实体,如图 5-5-10所示,在绘图窗口中选择曲面,即可生成如图 5-5-11 所示实体。

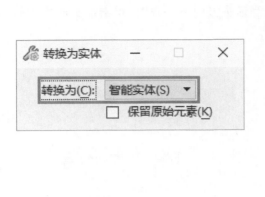

图 5-5-10　转换为实体　　　　　　　　图 5-5-11　转换完成 3D 实体

第六节　范例练习

绘制某大桥 4 号墩的下部结构(图 5-6-1),包括钻孔桩、承台、墩柱和盖梁。

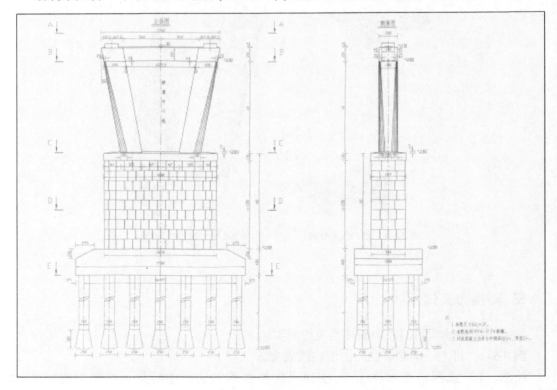

图　5-6-1

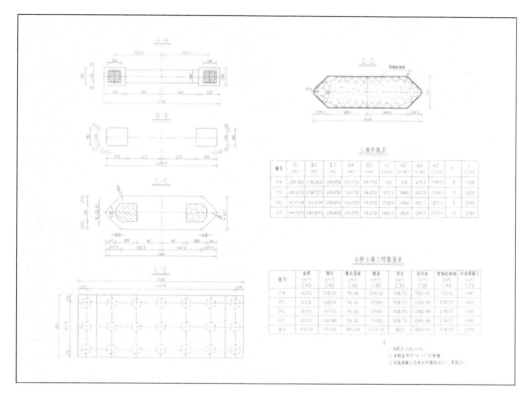

图5-6-1 某大桥4号墩的下部图纸

具体步骤:

(1)打开软件,选择工作空间 Example 以及工作集 MetroStation,如图 5-6-2 所示。

图5-6-2 选择工作空间及工作集

(2)单击新建文件按钮,输入文件名"4#墩下部",如图 5-6-3 所示,并选择 3D Metric Design 种子文件,如图 5-6-4 所示,即可完成新建文件。

(3)对设计文件进行设置,修改颜色设置,如图 5-6-5 所示;修改工作单位设置,如图 5-6-6所示。

(4)将文件所需的所有图层进行创建,并设置图层的颜色,如图 5-6-7 所示。

图 5-6-3　新建文件

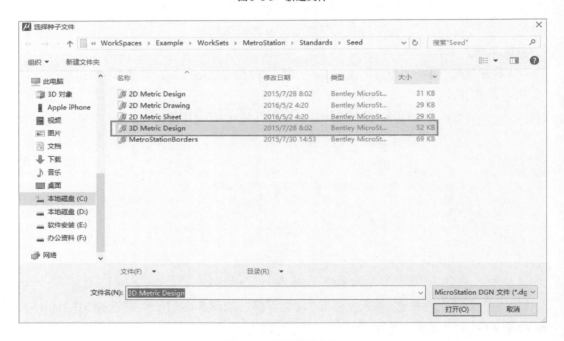

图 5-6-4　选择种子文件

　　选择图层"zuankongzhuang"，利用放置智能线命令，绘制钻孔桩的扩底部分的 1/4 截面轮廓，如图 5-6-8 所示。再利用旋转构造实体命令创建实体，如图 5-6-9 所示。

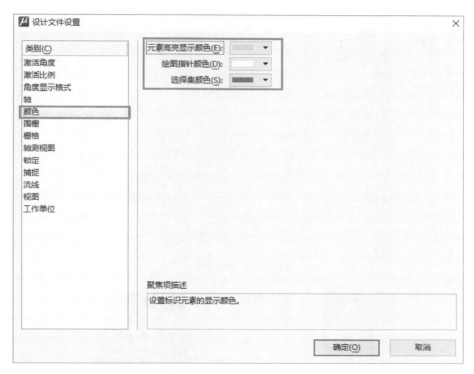

图 5-6-5 设置文件颜色

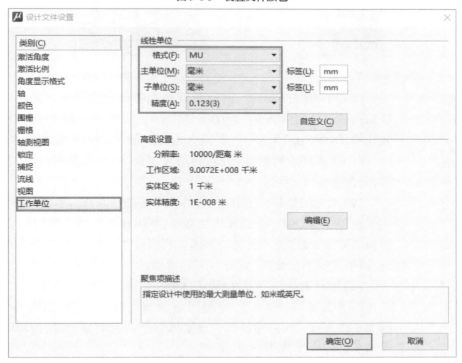

图 5-6-6 设置工作单位

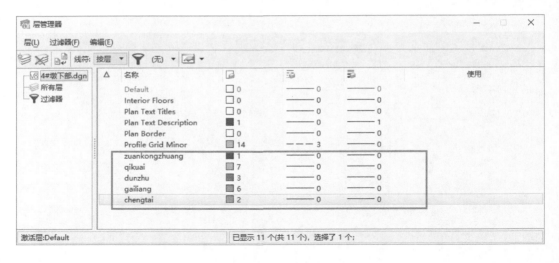

图 5-6-7　新建图层

图 5-6-8　扩底桩部分截面

图 5-6-9　扩底桩部分模型

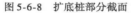

图 5-6-10　扩底钻孔
桩模型

（5）利用圆柱体命令，进行常规钻孔桩部分的绘制。捕捉已绘制扩底钻孔桩部分的顶面中心点为圆柱中心点，设置半径及高度，即可绘制出钻孔桩，如图 5-6-10 所示。利用合并实体命令，将两部分桩合并即可。

（6）将视图旋转至顶视图，利用复制命令，将其他 20 根桩复制出即可，如图 5-6-11 所示。

（7）承台的绘制，先创建长方体再对其进行修改为承台形状。

选择"chengtai"层，选择体块命令，利用精确绘图快捷键"F11 + o"定位长方体顶点位置，并绘制长方体。利用边界倒角命令，对长方体进行修改，即可完成承台绘制，如图 5-6-12 所示。

（8）墩身的绘制，利用拉伸实体命令创建。

选择图层"dunshen"，并利用放置智能线命令，绘制墩身截面，如图 5-6-13所示。再利用拉伸创建实体命令创建实体，利用边界圆角命令对墩身进行修改，如图 5-6-14 所示。

（9）墩身顶部需要利用拉伸创建实体命令，创建出实体，再利用边界倒角命令进行修改，即可完成顶部绘制，如图 5-6-15 所示。

图 5-6-11　完成全部扩底钻孔桩模型　　　　　　图 5-6-12　完成承台模型

图 5-6-13　墩身截面

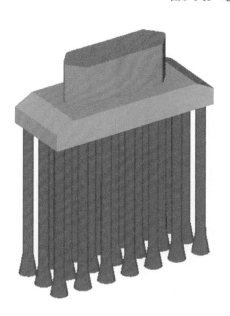

图 5-6-14　完成墩身模型　　　　　　图 5-6-15　完成墩身整体模型

　　（10）墩柱绘制利用放样曲面命令进行绘制。先利用智能线命令,画出墩柱底面和顶面的轮廓,再利用创建复杂多边形命令,将其创建成多边形,并将其移动至其空间的相对位置,如图 5-6-16 所示,再利用放样曲面命令创建曲面,如图 5-6-17 所示。最后利用转换实体命令,将绘制的墩柱曲面转换成墩柱实体,如图 5-6-18 所示。

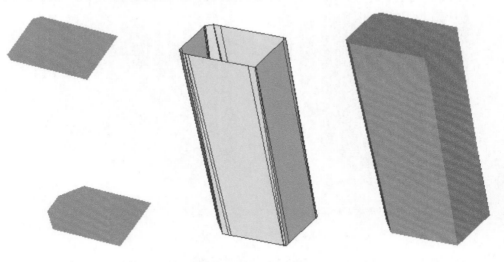

图 5-6-16　墩柱顶面底面　　　　　图 5-6-17　墩柱曲面　　　　　图 5-6-18　墩柱实体

　　（11）利用镜像命令即可绘制出另一墩柱,如图 5-6-19 所示。

　　（12）盖梁同样利用放样曲面方法绘制后转换成智能实体,对实体进行修改即可,如图 5-6-20所示。

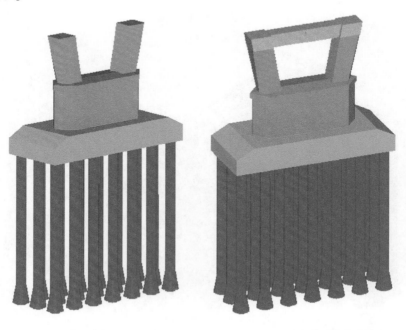

图 5-6-19　完成墩柱模型　　　　　图 5-6-20　4 号墩下部整体模型

第六章　漫游及材质

在 MicroStation 中利用材质功能可以使已创建的模型更真实具体的表现出来,并利用漫游功能观察,带来强烈、逼真的感官冲击,获得身临其境的体验。

第一节　动画漫游

利用动画漫游,可以从任意角度、距离和精细程度观察场景,并选择或切换多种运动模式,控制浏览路线,如:行走、飞行等。在漫游过程中,可以进行多种设计方案、多种环境效果的实时切换比较。

一、行走

行走命令 👣 ,以人走路的视角观察模型。选择行走命令,弹出行走对话框,其中相机高度为行走时观察周围环境的视角高度,如图 6-1-1 所示。

图 6-1-1　行走对话框

选择行走命令后,需要定义目标点,依照目标点•进行移动视线。

步骤:选择行走命令,单击左键出现目标点,并利用鼠标移动改变视线方向,也可用键盘上箭头按键控制视线方向,单击右键时,结束命令。

快捷键:Shift + 按键,镜头倾斜左右边或转向天空地面;Ctrl + 按键,相机前后左右移动。

二、飞行

选择飞行命令,弹出飞行对话框,如图 6-1-2 所示,飞行与行走的操作相同,区别在于飞行不能设置相机高度。

图 6-1-2　飞行对话框

第二节　材　　质

在 MicroStation 中,可将绘制的模型赋予真实材质,以便更真实地表现模型的真实性。在赋予材质时,可对元素定义颜色、纹理、透明度及抛光度等,也可材质图片贴在物体表面上,标准的材质贴图文档存放在 Workspace 中。

元素赋予材质支持以下两种方法:

图层:按照元素的图层进行赋予材质,相同图层元素将具有相同的材质。

贴附属性:材质定义会变成元素属性的一部分,利用此方法,可指定实体各个面具有不同的材质定义。

一、编辑材质

选择编辑材质 命令,弹出材质编辑器对话框,可在其中新建材质或修改现有材质,如图 6-2-1 所示。

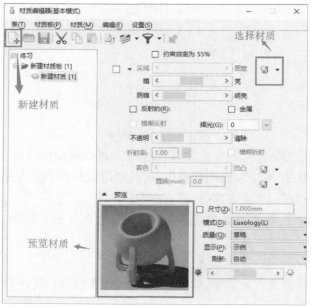

图 6-2-1　材质编辑器

新建材质:选择材质编辑器中的新建材质命令,并命名新材质名称,左键单击 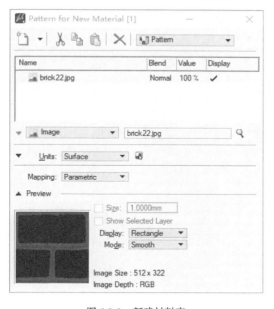 选择材质库内材质图片,如图6-2-2所示,弹出新建材料表对话框,如图6-2-3所示,可调整单击物体即可修改材质,物体修改材质后,如图6-2-4所示。

图6-2-2　选择材质

图6-2-3　新建材料表

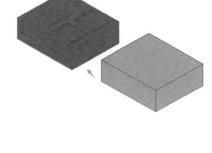

图6-2-4　应用材质

软件自有材质定义存储于材料库内,通常同性质的材质会储存于同一个库内。

材质编辑器中的折射率:

值=0时,光线自实体穿透后将不会弯折。

值>1时,光线自实体穿透后将朝物体曲面法线方向弯折。

值 <1 时,光线自实体穿透后将背离物体曲面法线方向弯折。

注:通常情况下玻璃折射值设为 1.4。

二、应用材质

应用材质命令 应用,可以按层或按面对实体赋予材质。链接材质命令 ,可以将单个物体赋予材质。

选择应用材质命令,弹出应用材质对话框,选择按颜色或按层分配 ,在绘图窗口选择某一物体时,其所在层内所有物体将被同时赋予相同材质。

选择应用材质命令,弹出应用材质对话框,选择链接材质命令 ,在绘图窗口选择某一物体时,只有此物体更改材质。

将材质移除,可以应用移除分配命令 和移除链接命令 。

三、物体部分更换材质

将物体的某一个面更换材质,利用 提取面/边命令,提取需要换材质的面,操作与模型换材质操作方法相同。

第七章 动画制作

MicroStation 支持以下四种类型动画:关键帧动画、角色动画、脚本动画和路径动画。创建动画的本质是在物体移动轨迹或变化轨迹位置定义关键帧。动画创建命令在可视化工作流中的脚本设置菜单栏中,如图 7-0-1 所示。

图 7-0-1 脚本设置菜单栏

第一节 关键帧动画

关键帧动画是某一物体在特定起始位置运动,在起止位置分别定义关键帧,并编排关键帧时间即可完成动画,但是物体的运动路径是软件自动计算的。

一、创建关键帧

创建关键帧命令在创建命令栏中,如图 7-1-1 所示。选择关键帧命令 ,弹出动画关键帧对话框,选择创建命令,如图 7-1-2 所示;标识绘图窗口内的元素 A,如图 7-1-3 所示,单击鼠标左键接受,弹出创建关键帧动画对话框,输入其名称和描述单击确定即可,如图 7-1-4 所示;再利用移动命令 ,将物体 A 移动至结束位置,如图 7-1-5 所示,重复创建关键帧命令,即可完成动画。

图 7-1-1 创建选项卡

图 7-1-2 动画关键帧对话框

图 7-1-3 元素 A

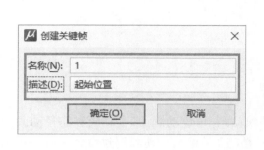

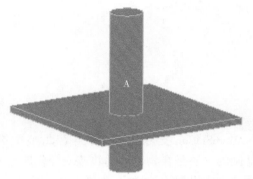

图 7-1-4 创建关键帧对话框

图 7-1-5 元素 A 移动后位置

二、编排

编排是对关键帧定义时间,物体随时间变化而改变位置。在动画关键帧对话框中,选择关键帧 1,单击编排命令,如图 7-1-6 所示,在弹出编排关键帧对话框中,将起始时间设置为 0,单击确定按钮即可,如图 7-1-7 所示;编排关键帧 2,输入起始时间 100,单击确定按钮即可,编排完成后可利用动画预览工具进行动画播放。

注意:编排的时间 100 不是 100s,而是第 100 帧。

图 7-1-6 选择编排关键帧

图 7-1-7 编排关键帧

三、冻结

冻结命令会冻结关键帧位置。选择关键帧 1,单击冻结命令,如图 7-1-8 所示,实体会从关键帧 2 的位置跳转到关键帧 1 的位置。冻结只改变实体的位置,不影响动画效果。

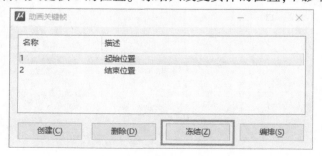

图 7-1-8 冻结关键帧

第二节　角色动画

角色动画是将实体先创建成角色,再通过角色改变而生成动画。创建角色动画多用于实体的缩放动画。

一、创建角色

对圆柱实体进行创建角色,如图 7-2-1 所示,单击创建角色命令,弹出创建角色对话框,输入角色名称圆柱,勾选延 Z 方向缩放,如图 7-2-2 所示。标识元素 A,接受并定义角色原点,如图 7-2-3 所示,角色定义完毕,如图 7-2-4 所示。

图 7-2-1　元素 A　　　　图 7-2-2　创建角色对话框

图 7-2-3　定义元素 A 角色原点　　图 7-2-4　将元素 A 定义成角色后

二、操作角色

选择操作角色命令,在弹出的操作角色对话框中,选择缩放 Z 轴,角色列表角色选择圆柱,方法选择按点,如图 7-2-5 所示即可操作角色。操作角色的缩放命令与操作元素的缩放命令相同。在缩放前与缩放后,都应对物体定义关键帧,并对关键帧进行编排。

图 7-2-5　操作角色

三、修改角色

当角色的操作有变化时，可以使用修改角色命令 对已创建角色进行修改。

四、打散角色

应用打散角色命令时 ，可以将角色进行删除。

第三节　路径动画

路径动画是通过角色让其沿某一路径进行运动的动画。

图 7-3-1　定义角色路径

将实体与路径绘制完成，将实体定义角色，选择定义角色路径命令 ，在弹出定义角色路径对话框中，选择已定义完成的角色圆柱，如图 7-3-1 所示，标识路径及方向，如图 7-3-2 所示，单击鼠标左键确定，在弹出定义角色路径对话框中输入起始时间和结束时间，如图 7-3-3 所示，单击确定即可生成动画。

图 7-3-2　标识路径及方向

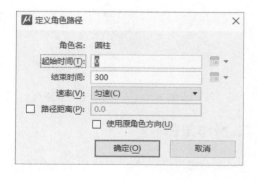

图 7-3-3　编辑角色路径

第四节　脚本动画

脚本动画是改变元素可视性、颜色和透明度变化的动画。脚本动画的创建利用脚本元素属性命令 完成。

一、可视性

选择脚本元素属性，设置选择可视性，可视性选择关闭，起始时间输入 300，如图 7-4-1 所示，则在第 300 帧时该元素的可视性关闭，即看不到该元素。在第 500 帧显现元素则需要如图 7-4-2 设置，将可视化打开。

图 7-4-1　关闭可视性　　　　　　　　　　图 7-4-2　打开可视性

二、颜色

选择脚本元素属性，设置选择颜色，颜色选择黑色，起始时间输入 200，如图 7-4-3 所示，在第 200 帧后，该元素颜色变为黑色。

三、透明度

选择脚本元素属性，设置选择透明度，透明度输入 30，起始时间输入 100，如图 7-4-4 所示，在第 100 帧后，该元素的透明度变为 30%。

图 7-4-3　更改元素颜色　　　　　　　　　图 7-4-4　元素透明度设置

第五节　动画的播放与导出

一、动画制作器

查看已做好的动画条目,选择动画制作器命令▦,在弹出的动画制作器对话框中可以对动画进行修改,如图 7-5-1 所示。

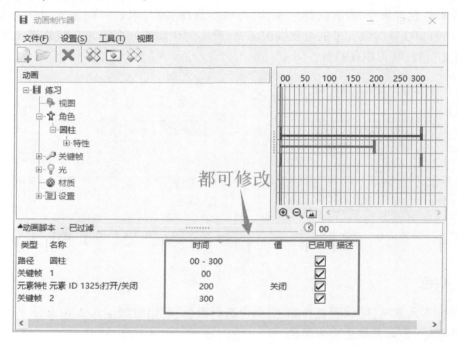

图 7-5-1　动画制作器

二、动画预览工具

已完成动画可利用动画预览工具命令🔍进行播放,选择动画预览工具命令,在弹出动画预览对话框中单击三角号,如图 7-5-2 所示,即可播放动画。在设置中可以设置动画每秒播放的帧数,如图 7-5-3 所示。

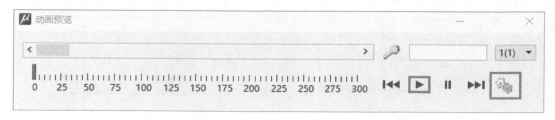

图 7-5-2　动画预览

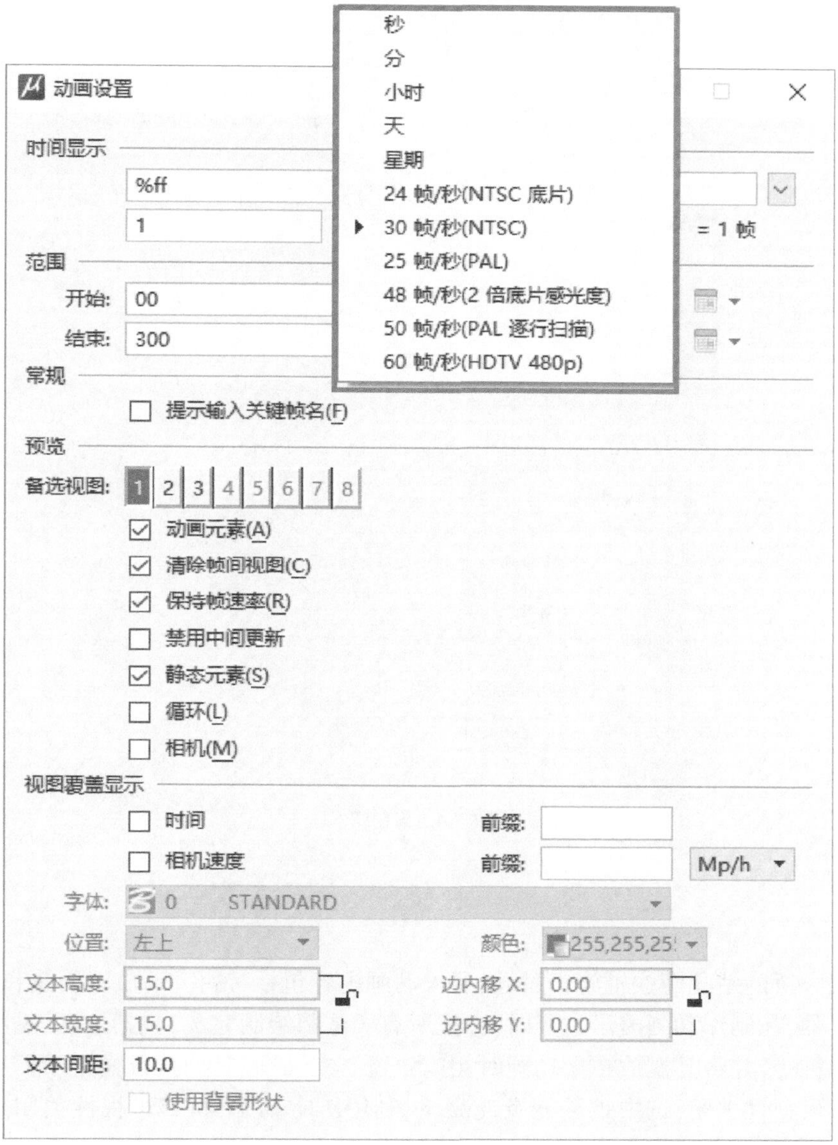

图 7-5-3 帧数设置

三、导出动画

导出动画命令为录制 ⚫,在弹出的录制脚本对话框中可以选择输出图片大小、格式等,记录范围输入关键帧的时间,单击确定即可,如图 7-5-4 所示。导出的为一帧一帧的图片,需用视频编辑软件将其处理成视频。

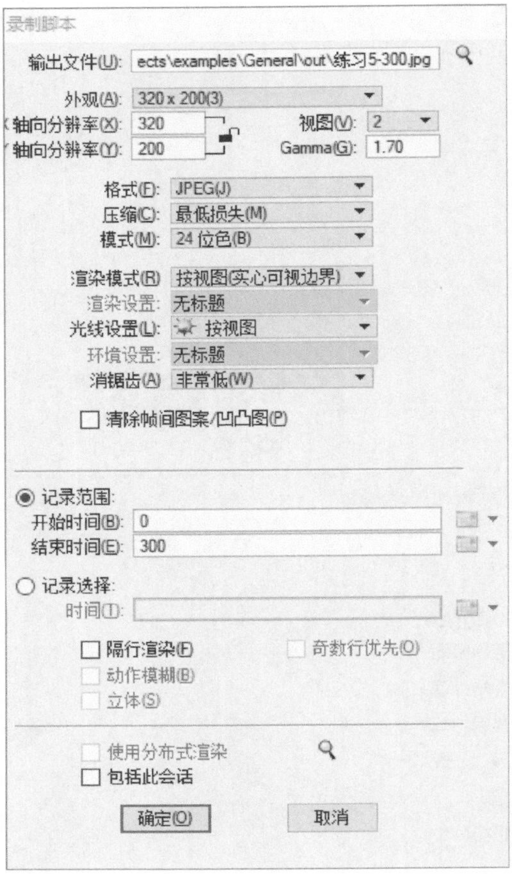

图 7-5-4 录制脚本

第六节 范例练习

制作某大桥的钻孔灌注桩施工过程,要求动画内容包括:钻孔,下放钢筋笼和灌注过程。

具体步骤:在制作动画演示过程时,应把所有实体都绘制完成,包括地面、钻机、钢筋笼、混凝土钻孔桩等,并将其摆放在做动画时相应位置。在动画制作时,首先把不需要在第一幕显现的构件可视性关闭,选中钢筋笼及混凝土,利用脚本动画,将其可视性关闭。再利用脚本动画,将地面的透明度调整至 50,方便观察钻孔过程,在动画制作器中查看已创建元素属性动画脚本,如图 7-6-1 所示。

第一幕:先制作钻孔动画,将钻孔构件创建角色,并设置沿 Z 轴方向缩放。将钻孔在此位置创建关键帧"挖孔 1",如图 7-6-2 所示,利用操作角色按钮,操作角色"钻孔 1",使之沿 Z 轴缩放至所钻孔底即可,再创建关键帧"钻孔 2",如图 7-6-3 所示。对钻头进行关键帧创建,在图 7-6-4 位置创建关键帧"钻头 1",利用移动命令将钻头移动到图 7-6-5 所示位置,创建关键帧"钻头 2",对四个关键帧进行编排,在动画制作器中查看已创建关键帧动画脚本,如图 7-6-6 所示。

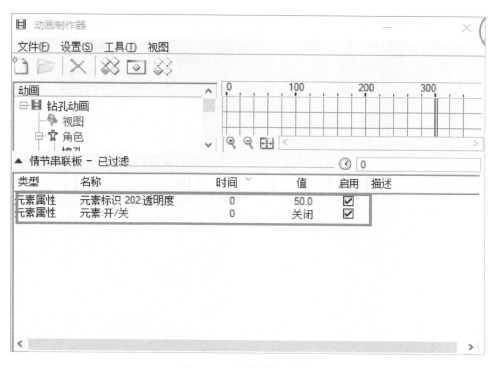

图 7-6-1 元素属性动画脚本

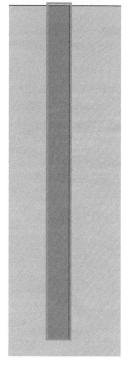

图 7-6-2 关键帧"挖孔 1"

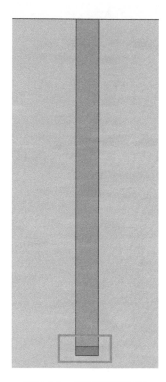

图 7-6-3 关键帧"钻孔 2"

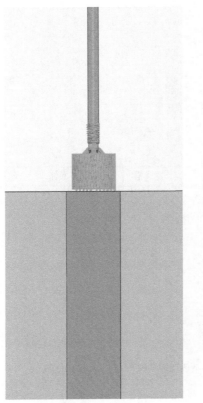

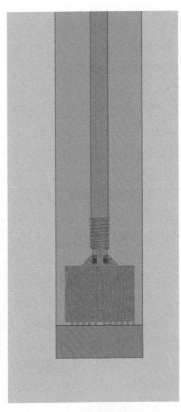

图 7-6-4　关键帧"钻头 1"　　　　　　　图 7-6-5　关键帧"钻头 2"

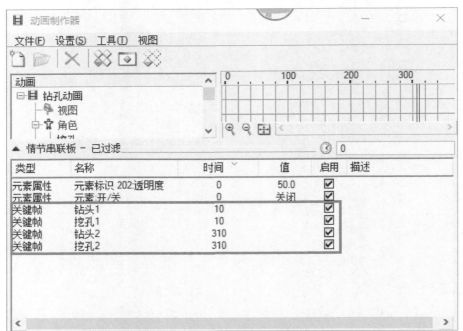

图 7-6-6　关键帧动画脚本

第二幕：制作下放钢筋笼动画，先利用脚本元素属性命令在关键帧 315 时将可视化关闭，如图 7-6-7 所示，再将钢筋笼在关键帧 320 时对可视化打开。在图 7-6-8 所示位置创建关键帧"钢筋笼 1"，在图 7-6-9 所示位置创建关键帧"钢筋笼 2"。对所创建关键帧进行编排，查看动画脚本，如图 7-6-10 所示。

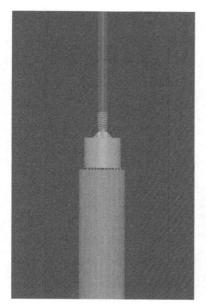

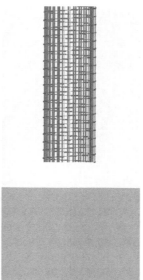

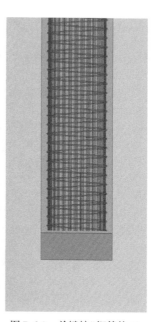

图 7-6-7　关闭"钻头"可视性　　　　图 7-6-8　关键帧"钢筋笼 1"　　　图 7-6-9　关键帧"钢筋笼 2"

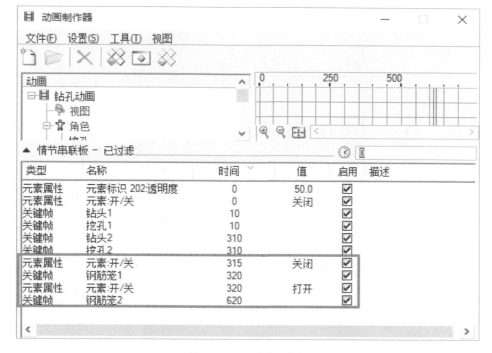

图 7-6-10　查看动画脚本

　　第三幕:进行混凝土灌注,利用脚本元素属性,将混凝土可视性打开,对混凝土进行角色创建,并在图 7-6-11 所示位置创建关键帧"混凝土 1",利用操作角色命令,将混凝土沿 Z 轴缩放至地平面位置,创建关键帧"混凝土 2",如图 7-6-12 所示,再编排混凝土关键帧,如图 7-6-13所示。

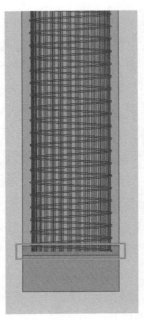

图 7-6-11　关键帧"混凝土 1"　　　　图 7-6-12　关键帧"混凝土 2"

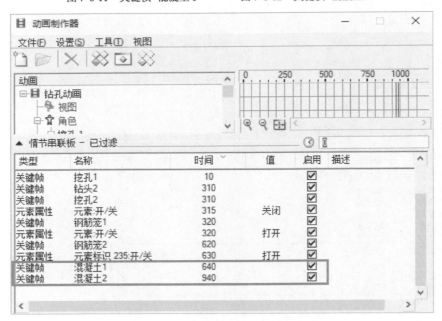

图 7-6-13　混凝土关键帧动画脚本

最后,选定最佳显示样式及角度,即可通过录制命令将动画导出。

附　　录

软件浏览文件类型　　　　　　　　　　　　　附表 1

文 件 类 型	类 型 介 绍
CAD 文件 (*.dgn; *.dwg; *.dxf)	*.dgn:设计文体,由 Bentley Systems Inc 提供支持的一种 CAD 文件格式,Mi-croStation 的本地格式文件; *.dwg:Autodesk® 绘图文件; *.dxf:绘图交换格式,由大多数 CAD 软件包支持的绘图交换文件格式
MicroStation 单元库(*.cel)	用于存储单元的基于 DGN 的文件
DGN 库文件(*.dgnlib)	设计库,包含单元、层和样式等数据资源的基于 DGN 的文件
图纸文件(*.s*)	基于三维 DGN 的文件,其中连接有模型文件的视图(包括可视化和截面)
红线修订文件(*.rdl)	用于标注和红线修订工作流的基于 DGN 的文件
形状文件(*.shp)	一种常用的地理空间矢量数据格式,适用于地理信息系统软件
MIF/MID 文件(*.mif)	MapInfo 交换格式文件存储特征的几何图形和特性(数据)
TAB 文件(*.tab)	MapInfo 本地格式文件存储特征的几何图形和特性(数据)
DgnDB 文件(*.idgndb)	DgnDB 文件
imodel 文件(*.imodel)	基于 DGN 的文件,该文件用于公开交换基础设施信息的数字容器
AutoDesk® FBX 文件(*.fbx)	Filmbox 格式,由 AutoDesk® 拥有的专有格式
IFC 文件(*.ifc)	行业基础分类,用于描述建筑行业数据的数据模型
JT 文件(*.jt)	由 Siemens PLM Software(以前的 UGS Corp.)开发的三维数据格式
Obj 文件(*.obj)	首先由 Wavefront Technologies 开发的几何图形定义格式
Autodesk® RFA 文件(*.rfa)	AutoDesk Revit 系列文件,该文件包含可放置在项目中的文件
OpenNurbs(Rhino)文件(*.3dm)	Rhino 文件,用于交换 NURBS 几何图形
SketchUp 文件(*.skp)	SketchUp 是一个三维建模程序,适用于建筑、室内设计、土木与机械工程、影片及视频游戏设计等
实景网格(*.3mx)	
消隐线文件(*.h*)	
TriForma 文档文件(*.d)	
3D Studio 文件(*3ds)	

导入常见文件类型 附表 2

文 件 类 型	类 型 介 绍
DWG(＊.dwg)	Autodesk®绘图文件
DGN(＊.dgn)	设计文体,由 Bentley Systems Inc 提供支持的一种 CAD 文件格式。MicroStation 的本地格式文件
单元库(＊.cel)	用于存储单元的基于 DGN 的文件
DGNLIB(＊.dgnlib)	设计库,包含单元、层和样式等数据资源的基于 DGN 的文件
红线修订(＊.rdl)	用于标注和红线修订工作流的基于 DGN 的文件
图纸(＊.s)	基于三维 DGN 的文件,其中连接有模型文件的视图(包括可视化和截面)
DgnDB(＊.idgndb)	DgnDB 文件
Imodel(＊.imodel)	基于 DGN 的文件,该文件用于公开交换基础设施信息的数字容器
形状文件(＊.shp)	一种常用的地理空间矢量数据格式,适用于地理信息系统软件
文本(＊.txt)	文本文件,结构化为一个文本行序列的 ACSII 的格式文件
图像	通用光栅文件格式
MIF/MID(＊.mif)	MapInfo 交换格式文件存储特征的几何图形和特性(数据)
TAB(＊.tab)	MapInfo 本地格式文件存储特征的几何图形和特性(数据)

导入交换文件类型 附表 3

文 件 类 型	类 型 介 绍
DXF(＊.dxf)	绘图交换格式,由大多数 CAD 软件包支持的绘图交换文件格式
CGM(＊.cgm)	计算机图元文件
FBX(＊.fbx)	Filmbox 格式,由 Autodesk®拥有的专有格式
JT 格式(＊.jt)	由 Siemens PLM Software(以前的 UGS Corp.)开发的三维数据格式
IGES(＊.igs)	初始图形交换规范
IFC(＊.ifc)	行业基础分类,用于描述建筑行业数据的数据模型
RFA(＊.rfa)	Autodesk Revit 系列文件,该文件包含可放置在项目中的组件
STEP(＊.stp)	用于交换产品模型数据的标准(AP203/AP214)
LandXML(＊.xml)	地形模型,专门化的 XML 数据文件格式,包含土地开发和运输行业中常用的土木工程和勘测测量数据

导入三维建模文件类型 附表 4

文 件 类 型	类 型 介 绍
ACIS(＊.sat)	由 Spatial Corporation(原 Spatial Technology)开发的几何建模内核
3DS(＊.3ds)	3D Studio 文件,一种由 Autodesk® 3ds Max 三维建模、动画和渲染软件使用的文件格式
SketchUp(＊.skp)	SketchUp 是一个三维建模程序,适用于建筑、室内设计、土木与机械工程、影片及视频游戏设计等
3DM(＊.3dm)	Rhino 文件,用于交换 NURBS 几何图形

续上表

文 件 类 型	类 型 介 绍
Stereolithography(* . stl)	Stereolithography 文件,也称为标准细分语言文件,一种由 3D Systems 创建的 Stereolithography CAD
Parasolid(* . x_t)	最初由 ShapeData 开发,现归 Siemens PLM Software(以前的 UGS Corp.)所有的集合建模内核
OBJ(* . obj)	首先由 Wavefront Technologies 开发的几何图形定义文件格式

导出常见文件类型 附表 5

文 件 类 型	类 型 介 绍
二维	包含二维设计模型的基于 DGN 的文件,该设计模型使用当前模型的内容
DWG(* . dwg)	Autodesk® 绘图文件
设计库(* . dgnlib)	注明为"设计库"的基于 DGN 的文件,其中包含单元、层和样式等数据资源
红线修订(* . rdl)	用于标注和红线修订工作流的基于 DGN 的文件
V8 格式设计(* . dgn)	Bentley V8 格式设计文件
V7 格式设计(* . dgn)	Bentley V7(旧式)格式设计文件
可视化(* . hln)	包含可见去买那边的基于 DGN 的文件

导出交换文件类型 附表 6

文 件 类 型	类 型 介 绍
PDF(* . pdf)	Adobe PDF
CGM(* . cgm)	计算机图元文件
Collada(* . dae)	协作设计活动,适用于交互式三维应用程序的交换文件格式
DXF(* . dxf)	绘图交换格式,由大多数 CAD 软件包支持的绘图交换文件格式
FBX(* . fbx)	Filmbox 格式,由 Autodesk® 拥有的专有格式
IGES(* . igs)	初始图形交换规范
JT 格式(* . jt)	由 Siemens PLM Software(以前的 UGS Corp.)开发的三维数据格式
STEP(* . stp)	用于交换产品模型数据的标准(AP203/AP214)

导出三维建模文件类型 附表 7

文 件 类 型	类 型 介 绍
ACIS(* . sat)	由 Spatial Corporation(原 Spatial Technology)开发的几何建模内核
OBJ(* . obj)	首先由 Wavefront Technologies 开发的几何图形定义文件格式
Parasoild(* . x_t)	最初由 ShapeDate 开发,现归 Siemens PLM Software(以前的 UGS Corp.)所有的几何建模内核
SketchUp(* . skp)	SkechUp 是一个三维建模程序,适用于建筑、室内设计、土木与机械工程、影片及视频游戏设计等
Stereolithography(* . stl)	Stereolithography 文件,也称为标准细分语言文件,一种由 3D Systems 创建的 Stereolithography CAD

导出可视化文件类型 附表 8

文 件 类 型	类 型 介 绍
Google Earth(* . kml)	锁孔标注语言(KML),一种基于 XML 的文件,包含用于在基于 Internet 的二维地图和三维 Earth 浏览器
Luxology(* . lxo)	用于 Modo 的 Luxology 场景文件
SVG(* . svg)	可扩展矢量图形,一种基于 XML 的矢量图像格式,适用于二维图形,支持交互性和动画
U3D(* . u3d)	通用三维,一种适用于三维计算机图形数据的压缩文件格式标准
VRML(* . vml)	虚拟显示建模语言,一种用于表示三维(3D)交互式矢量图形(尤其是针对万维网设计的矢量图形)的标准
VUE(* . vob)	Eon Vue 对象格式